河南省高等教育教学改革研究与实践项目 项目号 2019SJGLX413

智能感知技术在电气工程上的应用研究

陈　曦　著

电子科技大学出版社
University of Electronic Science and Technology of China Press

·成都·

图书在版编目（CIP）数据

智能感知技术在电气工程上的应用研究 / 陈曦著.
-- 成都：电子科技大学出版社，2020.9
ISBN 978-7-5647-8324-2

Ⅰ.①智… Ⅱ.①陈… Ⅲ.①智能技术–应用–电工
技术–高等学校–教材 Ⅳ.①TM–39

中国版本图书馆CIP数据核字(2020)第181767号

智能感知技术在电气工程上的应用研究

陈　曦　著

策划编辑　　杜　倩　李述娜
责任编辑　　熊晶晶

出版发行　电子科技大学出版社
　　　　　成都市一环路东一段159号电子信息产业大厦九楼　邮编　610051
主　　页　www.uestcp.com.cn
服务电话　028-83203399
邮购电话　028-83201495

印　　刷　石家庄汇展印刷有限公司
成品尺寸　170mm×240mm
印　　张　10.5
字　　数　200千字
版　　次　2020年9月第一版
印　　次　2020年9月第一次印刷
书　　号　ISBN 978-7-5647-8324-2
定　　价　45.00元

前 言
Foreword

现代科技的发展是信息化和智能化高度结合的结果，信息化与智能化又互为基础，相互促进科技事业的发展。在电气工程中植入信息化和智能化技术，改变了一些电气工程产业根本的运行模式和运行效率，促进了经济效益的发展。智能化技术对电气工程的发展有深远的影响，无论是在电气工程的科学研究上，还是在电气工程的实践中，智能化技术都带来了电气工程的根本性改变。

智能感知技术是当前工业、民用、科技等领域的研究热点和前沿方向。机器视觉是一门研究如何使机器"看"的科学，更进一步就是指用摄影机和计算机代替人眼对目标进行识别、跟踪和测量等机器视觉处理，并进一步做图形处理，用计算机将其处理成为更适合人眼观察或传送给仪器检测的图像。机器视觉的研究目标是使计算机具有通过二维图像信息来认知三维环境信息的能力。作为一门科学学科。计算机视觉研究相关的理论和技术，试图建立能够从图像或者多维数据中获取"信息"的人工智能系统。因为感知可以看作是从感官信号中提取信息，所以机器视觉也可以看作是研究如何使人工系统从图像或多维数据中"感知"的科学。

本书属于智能感知技术在电气工程方面的专著，由智能感知技术、传感器、传感网、传感数据融合技术及其视觉技术等几部分组成，全书系统地介绍了智能感知技术的概念、基本原理、特点以及在电气工程中的应用，并介绍了智能感知技术新的研究进展及发展趋势。本书致力于夯实电气工程相关技术基础，开拓电气工程研究的新方向、新思路，可作为高等院校电气工程、物联网工程等专业教材，也可作为电气工程系统、智能感知系统开发、管理人员的参考读物。

智能感知技术是一个发展很快的领域，内容新、变化快，加之作者水平有限，书中难免存在遗漏和不足之处，望广大读者能够指正批评。

目 录
Contents

第一章 智能感知技术概述

第一节 智能感知技术的概念

一、智能感知技术的定义与背景

信息技术是国家综合国力的重要体现，也是当今世界竞争最为激烈的领域之一。《国家中长期教育改革和发展规划纲要》将信息技术定位为需要超前部署的重点行业之一。其中，"智能感知"是信息技术领域重点发展的前沿技术。

随着物联网的快速发展及其在各行业中的广泛应用，信息感知中出现了大量高维信息，它们具有特征维数过高、特征量巨大且包含大量无关信息和冗余信息等特点。针对这些高维信息来进行感知还需要进行不断探索和研究。高维信息传感研究的关键技术包括传感器技术、数据预处理技术和信息传输技术。

当前传感器技术的发展主要趋向以下几个方面：研制新型传感器，实现传感器设备和元器件的微小型化、微功耗；利用无线通信技术，实现传感器设备的无线网络化；提高和改善传感器的技术性能，实现传感器设备的多功能、高精度、集成化和智能化。

国内外已经对多功能传感技术进行了广泛而深入的研究，主要集中在多功能传感器的研制和多功能传感器的信号重构等方面。

在高维信息传感的数据处理过程中，针对现在感知信息的高维特性，降维是数据预处理与建模的一种典型技术，当前降维的主要方法包括：（1）线性降维方法，包括主成分分析（Principal Component Analysis，PCA）、投影寻踪（Projection Pursuit，PP）、独立成分分析（Independent Component Correlation Algorithm，ICA）和线性判别（Linear Discriminant Analysis，LDA）等；（2）非线性降维方法，包括多维尺度分析（Multidimensional Scaling，MDS）、ISOMAP

方法、局部线性嵌入方法、Laplacian Eigenmap 方法等。当前降维方法的应用研究主要集中在图像识别与处理方面，将降维方法应用于其他各类信息感知领域并建立特定的模型和方法是高维信息降维处理技术的发展趋势。

在高维信息传感过程中，传感器采集、预处理完数据后，需要通过传感网络将数据传输到目的位置做进一步处理。当前传感网络研究的关键技术集中在传感器节点网络接口模块研制、网络通信协议设计和应用系统设计等方面。传感器节点网络接口模块主要面向移动通信网络和无线局域网络。移动通信网的网络模块主要包括西门子公司的 MC35i 系列、华为公司的 GTM900 系列及 EM6~8 系列、SIMCOM 公司的 SIM900 系列等；无线局域网的网络模块则更多，但网络模块中对于新型的无线通信网络支持较少，如 AdHoc 网络、TD-LTE 通信、蓝牙 4.0 通信以及 ZigBee 网络等。因此，需进一步研究支持新型无线通信网络以及多类型异构网络的网络接口模块。在信息感知过程中，网络信息传输的研究当前主要集中在无线网络传输领域，主要包括网络的架构、协议、性能优化、异构网络传输等方面。针对高维信息的感知，感知数据传输研究将趋向于数据传输安全、网络跨层优化设计以及多网数据传输等方面。

二、未来值得关注的四大领域

随着材料科学、纳米技术、微电子等领域前沿技术的突破以及经济社会发展的需求，四大领域可能成为传感器技术未来发展的重点。

（一）可穿戴式应用

以谷歌眼镜为代表的可穿戴设备是最受关注的硬件创新。谷歌眼镜内置多达 10 余种的传感器，包括陀螺仪传感器、加速度传感器、磁力传感器、线性加速传感器等，实现了一些传统终端无法实现的功能，如使用者仅需眨一眨眼睛就可完成拍照。当前，可穿戴设备的应用领域正从外置的手表、眼镜、鞋子等向更广阔的领域扩展，如电子肌肤等。日前，东京大学已开发出一种可以贴在肌肤上的柔性可穿戴式传感器。该传感器为薄膜状，单位面积重量只有 $3g/m^2$，是普通纸张的 1/27 左右，厚度也只有 2 μm。

（二）无人驾驶

在该领域，谷歌公司的无人驾驶车辆项目开发取得了重要成果，通过车内安装的照相机、雷达传感器和激光测距仪，以每秒 20 次的间隔，生成汽车周边区域的实时路况信息，并利用人工智能软件进行分析，预测相关路况未来动向，同时结合谷歌地图来进行道路导航。谷歌无人驾驶汽车已经在内华达、佛罗里达和加利福尼亚州获得上路行使权。奥迪、奔驰、宝马和福特等全球汽车巨头均已展开无人驾驶技术研发，有的车型已接近量产。

（三）医护和健康监测

国内外众多医疗研究机构，包括国际著名的医疗行业巨头在传感器技术应用于医疗领域方面已取得重要进展。例如，罗姆公司目前正在开发一种使用近红外光（NIR）的图像传感器，其原理是照射近红外光 LED 后，使用专用摄像元件拍摄反射光，通过改变近红外光的波长获取图像，然后通过图像处理使血管等更加鲜明地呈现出来。一些研究机构在能够嵌入或吞入体内的材料制造传感器方面已取得进展。例如，美国佐治亚理工学院正在开发具备压力传感器和无线通信电路等的体内嵌入式传感器，该器件由导电金属和绝缘薄膜构成，能够根据构成的共振电路的频率变化检测出压力的变化，发挥完作用之后就会溶解于体液中。

（四）工业控制

2012 年，GE 公司在《工业互联网：突破智慧与机器的界限》的报告中提出，通过智能传感器将人机连接，并结合软件和大数据分析，可以突破物理和材料科学的限制，并将改变世界的运行方式。报告同时指出，美国通过部署工业互联网，各行业可实现 1% 的效率提升，15 年内能源行业将节省 1% 的燃料（约 660 亿美元）。2013 年 1 月，GE 公司在纽约一家生产企业共安装了 1 万多个传感器，用于监测生产时的温度、能源消耗和气压等数据，而工厂的管理人员可以通过 iPad 获取这些数据，从而对生产进行监督。

三、异构资源的感知计算技术

感知计算技术利用计算机技术、网络与通信技术、多媒体技术以及人机接口技术，将时间上分离、空间上分布而工作上又相互依赖的多个被感知成员及其活动有机地组织起来，挖掘并分析其产生的隐含有价值的信息，指导相应的成员做出正确决策。感知计算技术是真正实现"物联世界"的关键共性技术，有广阔的应用前景。

数据融合技术是 20 世纪 70 年代最先由美国国防部针对多传感器系统而提出的。伴随着电子技术、信号检测与处理技术、计算机技术、网络通信技术以及控制技术的飞速发展，数据融合技术发展迅猛，并已被成功应用于多个领域，在现代科学技术中的地位也日渐突出。

目前已有大量的数据融合算法，基本上可概括为两大类：一是随机方法，包括加权平均法、卡尔曼滤波法、贝叶斯估计法、D-S 证据推理等；二是人工智能方法，包括模糊逻辑、神经网络等。但对物联网而言，由于其自身的特点，数据融合技术面临更多挑战，如感知节点能源有限、多数据流的同步、数据的时间敏感特性、网络带宽的限制、无线通信的不可靠性和网络的动态特性等。显然，仅仅依靠数据融合技术是不够的，需要引入其他相关技术，解决不确定、难以建模、动态特性等问题，协同处理数据，扩展融合系统的应用范围。

计算的网络化、移动化、普适化和多样化，使得物联网信息系统的规模越来越大，结构越来越复杂，开发与维护的难度越来越高。为了给开发者和用户提供一个安全、稳定、可信的感知计算环境，需要开发新的资源汇聚与融合方法，加强面向感知计算的中间件技术研究，以便解决庞大信息网络系统中存在的技术问题，真正实现以"知"促"行"、"知""行"合一，提高相关产业自动化和智能化。

感知计算中间件是随着网络的发展而于 20 世纪 90 年代兴起的一类基础软件，其主要作用就是为各种网络应用与信息系统的有效开发、部署、运行和管理提供支撑环境。当前，随着信息网络技术和物联网的快速发展，感知计算中间件又被赋予新的含义。在物联网分布式应用开发方面，感知计算中间件主要研究基于 UML2 和模型驱动架构（MDA）等软件开发方法及相应的开发集成环境，以有效支持网络资源汇聚应用的建模分析、代码 / 流程集成、分布式应用的测试、服务组合与发布等。随着新一代互联网、云计算和物联网等信息网络技术及以软件为突破口的现代服务业的快速发展，感知计算中间件面临许多新的挑战性课题，需要深入研究和探索。

第二节　智能感知技术的应用

随着物联网、无线传感网和多智能体系统在智能交通、工业控制等领域的普及，协同控制问题已经受到了越来越多科研人员的关注。协同控制是一个动态的、不确定的非结构化过程，参与者不断处于同步或异步协同工作的交替状态。协同控制由环境状态和协同者的行为决定，需要协同环境参与者感知空间外的环境信息，根据不同的协同环境来构造协同工作流程。为实现协同控制，需要各种智能体从外界获取感知信息，经过信息过滤和协同控制来推理确定协同者应该采取的协同行为，并产生下一步动态的感知信息。因此，在智能感知与融合计算基础上获取的多参量特征信息，可进一步反馈给智能交通系统和工业控制系统，从而解决协同控制问题。例如，在智能高速公路的应用中，主要通过增加个体车辆之间的交流来提供安全指示，增加车辆群集之间的交流和与道路基础设施的交流。在飞行交通控制中的应用主要集中在对传感器的研究，如自动化导航仪和飞行器之间的数据通信。

　　智能电网建立在集成、高速、双向通信的基础上，通过先进传感和测量技术、先进设备技术、先进控制及决策支持系统技术的应用，实现电网的可靠、安全、高效使用。智能电网建设中所涉及的电能质量问题，主要是分布式电源的接入、电力电子技术和集成通信技术的应用。电能质量检测方式大致可以分为专门测量、定期或不定期检测和在线检测。国内对电能质量检测目前还停留在定期或不定期检测阶段，而要真正地做到提高电能质量，在线监测是必需的手段，实时监测是保证电能质量的必要条件。在电能质量监测仪器和设备的研制及系统的构建上，越来越多地采用先进的软硬件技术和网络技术，加之各种电网新设备、新技术的投入使用，配网末端电能质量检测的范围更广、粒度更细。因此，用智能信息化手段检测电能质量，通过海量运行信息的共享、新型的控制手段，可以为智能电网运行可靠、安全提供新的技术支撑。

　　智慧城市通过全面感知信息、广泛传递信息、智慧高效处理信息，提高城市管理与运转效率，提升城市服务水平，涉及智慧交通、智慧安全、智慧环保、智慧医疗等众多领域。数据信息来源多、类型杂、体量大，具有高维感知能力的智能化集成传感器应用于智慧城市的感知层，有利于提高城市感知信息的准确度，提高感知信息效率，降低信息传输量。智能化传感网关作为智慧城市的底层汇聚节点，将大大降低信息传输代价，有利于智慧城市感知信息的深层次泛化，利于全面感知的深化。

　　现阶段信息处理技术领域呈现两种发展趋势：一种是使计算机系统处理信息的能力更强大；一种是与人工智能进一步结合，使计算机系统处理信息的能力更智能。而信息的采集和处理均离不开网络化传感器、网络通信技术、信息的深度融合与理解技术。

　　基于以上背景，我们提出一个参考性定义：智能感知技术是信息化技术发展的具有人工智能的综合性技术统称。它面向大规模、非规范、多介质的信息，基于"感知、智能、互联、协同"多位一体，将智能感知与信息处理技术有机结合，让智能技术渗透信息处理中，又用信息处理托起智能技术及其应用，其感知信息具有高维、多源异构等特性。

第二章 传感器

第一节 传感器概述

人类已经进入科学技术空前发展的信息社会，而传感器技术是现代电子信息技术的关键。传感器是感知、获取与检测信息的窗口，是物联网信息的主要来源。传感器采集各种有用信号并将其转化为容易传输和处理的信息，为计算机、自动化控制系统、智能机器人、物联网智能信息处理等系统充当"感觉器官"。科学研究和生产过程也需要通过传感器来获取信息，延伸人类的感知能力。传感器技术在现代科学技术领域中占有极其重要的地位，并且科学越发达，自动化、智能化程度越高，对传感器的依赖程度就越大。传感器技术是衡量一个国家信息化程度的重要标志，是关于从自然信源获取信息，并对之进行处理和识别的一门多科学交叉的现代科学与工程技术。

一、传感器的组成与分类

自然界充斥了各种物理量、化学量等电量、非电量参数，传感器是能感受规定的被测对象并按照一定规律将其转换为可用输出信号的器件或装置，通常由敏感元件和转换元件组成。在有些科学领域，传感器又称为敏感元件、检测器或变送器等。

（一）传感器的组成

传感器一般利用物理、化学、生物等学科的某些效应或机理，按照一定的工艺和结构颜值出来的，因此传感器的组成在细节上有较大差异。但总的来说，传感器主要由敏感元件、转换元件和其他辅助元件组成。敏感元件是传感器中能直接感受（或响应）和检出被测对象的待测信息的部分，转换元件是指传感器中能将敏感元件所感受（或响应）出的信息直接转换成有用信号（一般为电信号）的部分。例如，应变式压力传感器是由弹性膜片和电阻应变片组成的，其中弹性膜片就是敏感元件，它将压力转换成弹性膜片的应变，弹性膜片的应变施加到电阻应变片上，电阻应变片再将其应变转换成电阻变化量，电阻应变片就是转换元件。但并不是所有的传感器都能明显区分敏感元件和转换元件两部分，如半导体气体传感器、温度传感器直接将感受的被测量转换为电信号，敏感和转换功能合二为一，没有中间转换环节。

由于传感器输出往往是电量参数，并不一定是电信号，输出电信号一般也很微弱，为了适应后续的传输处理，需要将信号调理电路进行放大、运算、线性化处理等。此外，信号调理转换电路以及传感器的工作必须有辅助电源，因此信号调理转换电路、电源都是传感器组成的一部分，常见的信号调理与转换电路有放大电路、电桥、振荡器、检波器等。

传感器的组成如图 2-1 所示，随着半导体工艺的进步，传感器的信号调理电路与敏感元件、转换元件等可以一起集成在同一芯片上。

图 2-1 传感器的组成

（二）传感器的分类

传感器广泛应用于工农业生产、生活的各个方面，品种繁多，原理各异，检测对象纷繁复杂，传感器的分类方法也很多，一般可按如下几种分类方法进行分类。

（1）按被测量分类。按被测量分类的方法是按测量的性质不同对传感器进行划分，把不同被测量的传感器分为物理量、化学量和生物量传感器三个大类，也可以把种类繁多的被测量分为基本物理量和派生物理量，如表 2-1 所示。

表2-1 基本物理量与派生物理量的关系

基本物理量		派生物理量
位移	线位移	长度、厚度、位移、应变、振动、磨损、平滑度

基本物理量		派生物理量
位移	角位移	旋转角、偏转角、角振动
速度	线速度	速度、振动、流量、动量
	角速度	转速、角振动
加速度	线加速度	振动、冲击、质量
	角加速度	扭矩、角振动、转动惯量
时间	频率	周期、计数、统计分布
温度		热容、传热系数、气体速度、流量、涡流
光		光强、光通量、光谱分布

按被测量分类，能明确指出传感器的用途，便于使用者根据其用途选用，在工程应用中按此分类方法易于选择，如若需测量压力、重量、扭矩等物理量，可以明确地知道可选择力传感器。但同一物理量的检测，可采用不同原理实现，该分类方法对研究传感器的工作原理及归纳分析是不利的。

（2）按工作机理分类。按工作机理分类的方法是以工作原理划分，将物理、化学和生物等学科的原理、规律、效应作为分类的依据，如应变式、热电式、压电式传感器等。这种分类方法的优点是对传感器的工作原理分析得比较清楚，类别少，有利于对传感器工作原理的理解，有利于从原理与设计上对传感器进行归纳分析与研究。

（3）按能量关系分类。按能量关系分类，可将传感器分为有源和无源两类传感器。有源传感器一般将非电量转换为电量，称为换能器，如压电式、热电式、电磁感应式传感器，一般配有电压（电流）测量和放大电路。无源传感器不产生能量，只对传感器中的能量起控制作用，如电阻式、电容式、电感式传感器，无源传感器常用电桥、谐振电路等电路来测量。

（4）按敏感材料分类。按敏感材料分类的方法是按制造传感器的材料分类，可分为半导体传感器、陶瓷传感器、光纤传感器、高分子材料传感器、金属传感器等。

除了上述分类方法外，传感器的分类还有按用途、学科、功能、输出信号性质等许多分类方法。

二、传感器的基本特性

传感器要求能感受被测量的变化并不失真地变换成相应的电量，输出信号与被测量是何种对应关系取决于传感器的基本特性。传感器的基本特性通常可分为静态特性和动态特性。

（一）传感器的静态特性

传感器的静态特性是指被测量的值处于稳定状态时输出与输入的关系。对静态特性而言，不考虑迟滞蠕变及其他不确定因素的情况下，传感器的输入量 x 与输出量 y 的对应关系，可以表示为

$$y = a_0 + a_1x + a_2x^2 + ... + a_nx^n \qquad (2-1)$$

式中，a_0——输入量，且 $x = 0$ 时的输出量；

a_1，a_2，...，a_n——非线性项系数，各项系数决定了特性曲线的形状。

传感器的静态特性往往用线性度、迟滞、灵敏度、重复性和漂移等参数描述。

1.线性度

线性度，是指传感器输出与输入之间数量关系的线性度。我们通常希望传感器具有理想的线性关系，但实际遇到的传感器大多为非线性，实际使用时需引入非线性补偿。例如，非线性补偿电路或计算机软件线性化处理，使传感器的输入输出之间达到线性或接近线性。

传感器非线性度的评价方法：在全工程范围内，实际特性曲线与拟合直线之间的最大偏差 ΔL_{max} 与满量程输出值 Y_{FS} 之比即为线性度，又称为非线性误差 γ_L，如图 2-2 所示。

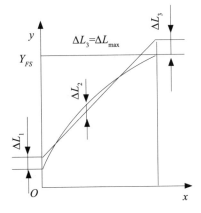

图 2-2　线性度

2. 迟滞

传感器在相同工作条件下，输入量从小到大（正行程）与输入量从大到小
（逆行程）变化期间，输入输出特性曲线不重合的现象称为迟滞。对于同一输入
信号，正行程与逆行程输出信号差值，称为迟滞值。传感器全量程范围内最大
迟滞差值 ΔH_{max} 与满量程输出值 Y_{FS} 之比称为迟滞误差，如图 2-3 所示。

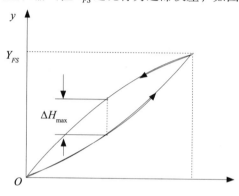

图 2-3　迟滞

迟滞误差计算公式为

$$\gamma_H = \frac{\Delta H_{max}}{Y_{FS}} \times 100\%$$
（2-2）

3. 灵敏度

输出量增量 Δy 与引起输出量增量 Δy 的相应输入 Δx 之比，称为灵敏度 S，
灵敏度的计算公式为

$$S = \frac{\Delta y}{\Delta x}$$
（2-3）

表示单位输入量的变化所引起的传感器输出量的变化。灵敏度 S 越大，表
示传感器越灵敏。

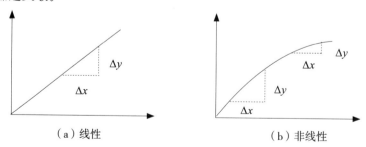

（a）线性　　　　　　　　　　　　　（b）非线性

图 2-4　灵敏度

4.重复性

重复性是指传感器在输入量按同一方向做全量程连续多次变化时,所得特性曲线不一致的程度,如图 2-5 所示。

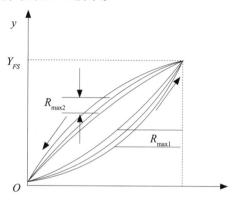

图 2-5　重复性

重复性误差属于随机误差,常用标准差 σ 计算,也可用正反行程中最大重复差值 $\Delta R_{\max}$ 计算,即

$$\gamma_R = \pm \frac{(2 \sim 3)\sigma}{Y_{FS}} \times 100\% \qquad (2-4)$$

或

$$\gamma_R = \pm \frac{\Delta R_{\max}}{Y_{FS}} \times 100\% \qquad (2-5)$$

5.漂移

传感器的漂移是指在输入量不变的情况下,传感器输出量随着时间变化。产生漂移的原因有两个方面:一是传感器自身结构参数;二是周围环境,如温度、湿度等。

温度漂移通常用传感器工作环境温度偏离标准环境温度(一般为 20℃)时的输出值的变化量与温度变化量之比(ξ)来表示,即

$$\xi = \frac{y_t - y_{20}}{\Delta t} \qquad (2-6)$$

式中,Δt——工作环境温度 t 偏离标准环境温度 t_{20} 之差,即 $\Delta t = t - t_{20}$;

y_t——传感器在环境温度 t 时的输出;

y_{20}——传感器在环境温度 t_{20} 时的输出。

（二）传感器的动态特性

传感器的动态特性是指输入量随时间变化时传感器的响应特性。由于传感器的惯性和滞后，当被测量随时间变化时，传感器的输出往往来不及达到平衡状态，处于动态过渡过程中，所以传感器的输出量也是时间的函数，其关系要用动态特性来表示。一个动态特性好的传感器，其输出将再现输入量的变化规律，即具有相同的时间函数。实际的传感器，输出信号将不会与输入信号具有相同的时间函数，这种输出与输入间的差异就是所谓的动态误差。

1.传感器的基本动态特性方程

传感器的种类和形式很多，但它们的动态特性一般都可以用下述的微分方程来描述。

$$a_n \frac{d^n y}{dt^n} + a_{n-1} \frac{d^{n-1} y}{dt^{n-1}} + \cdots + a_1 \frac{dy}{dt} + a_0 y$$
$$= b_n \frac{d^n x}{dt^n} + b_{m-1} \frac{d^{m-1} x}{dt^{m-1}} + \cdots + b_1 \frac{dx}{dt} + b_0 x \tag{2-7}$$

式中，$a_0, a_1, ..., a_n$ 和 $b_0, b_1, ..., b_m$ 是与传感器的结构特性有关的常系数。

（1）零阶系统。式（2-7）中的系数除了 a_0, b_0 之外，其他的系数均为零，则微分方程就是编程简单的代数方程。

$$a_0 y(t) = b_0 x(t) \tag{2-8}$$

零阶系统具有理想的动态特性，无论被测量 $x(t)$ 如何随时间变化，零阶系统的输出都不会失真，其输出在时间上也无任何滞后，所以零阶系统又称为比例系统。

（2）一阶系统。若在式（2-8）中的系数除了 a_0, a_1 与 b_0 之外，其他的系数均为零，则微分方程为

$$a_1 \frac{dy(t)}{dt} + a_0 y(t) = b_0 x(t) \tag{2-9}$$

式（2-9）可以改写为

$$\tau \frac{dy(t)}{dt} + y(t) = kx(t) \tag{2-10}$$

式中，τ——传感器的时间常数 $\tau = a_1 / a_0$，反映传感器的惯性大小；

k——传感器的静态灵敏度或放大系数 $k = b_0 / a_0$ 放大系数。

（3）二阶系统。二阶系统的微分方程为

$$a_2 \frac{d^2 y(t)}{dt^2} + a_1 \frac{dy(t)}{dt} + a_0 y(t) = b_0 x(t) \tag{2-11}$$

式（2-11）可以改写为

$$\frac{d^2 y(t)}{dt^2} + 2\xi\omega_n \frac{dy(t)}{dt} + \omega_n^2 y(t) = \omega_n^2 k x(t) \qquad （2-12）$$

式中，k——传感器的静态灵敏度或放大系数，$k = b_0 / a_0$；

ξ——传感器的阻尼系数，$\xi = a_1 / (2\sqrt{a_0 a_2})$；

ω_n——传感器的固有频率，$\omega_n = \sqrt{a_0 a_2}$。

2.传感器的动态响应特性

传感器的动态特性不仅与传感器的"固有因素"有关，还与传感器输入量的变化形式有关。也就是说，同一个传感器在不同形式的输入信号作用下，输出量的变化是不同的，通常选用几种典型的输入信号作为标准输入信号，研究传感器的响应特性。

（1）瞬态响应特性。传感器的瞬态响应是时间响应。在研究传感器的动态特性时，有时需要从时域中对传感器的响应和过渡过程进行分析。在进行时域分析时，用得比较多的标准输入信号有阶跃信号和脉冲信号，对应的传感器输出瞬态响应分别称为阶跃响应和脉冲响应。

传感器的时域动态性能指标叙述如下。

①稳态值 y_c：传感器的输出达到稳定输出时的值。

②时间常数 τ：一阶传感器输出上升到稳态值的63.2%所需的时间，称为时间常数。

③延迟时间 t_d：传感器输出达到稳态值的50%所需的时间。

④上升时间 t_r：传感器输出达到稳态值的90%所需的时间。

⑤峰值时间 t_p：二阶传感器输出响应曲线达到第一个峰值所需的时间。

⑥超调量 σ：二阶传感器输出超过稳态值的最大值。

⑦衰减比 d：衰减振荡的二阶传感器输出响应曲线第一个峰值与第二个峰值之比。

传感器的时域动态特性，如图2-6和图2-7所示。

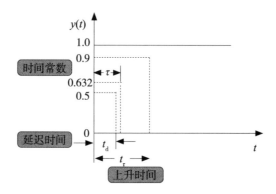

图 2-6　一阶传感器的时域动态特性

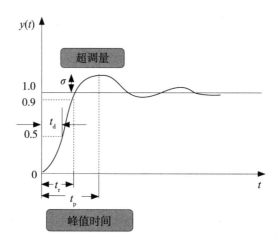

图 2-7　二阶传感器的时域动态特性

（2）频率响应特性。传感器对不同频率成分的正弦输入信号的响应特性，称为频率响应特性。一个传感器输入端有正弦信号输入时，其输出响应仍然是同频率的正弦信号，只是与输入端正弦信号的幅度与相位不同。

①一阶传感器频率特性，如图 2-8 和图 2-9 所示。

a. 幅频特性为

$$A(\omega) = \frac{1}{\sqrt{1+(\omega\tau)^2}} \tag{2-14}$$

b. 相频特性为

$$\Phi(\omega) = -\arctan(\omega t) \tag{2-15}$$

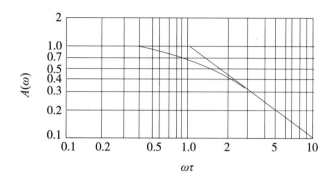

图 2-8　一阶传感器幅频特性

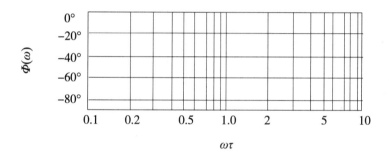

图 2-9　一阶传感器相频特性

时间常数 τ 越小，频率响应特性越好。当呈线性关系 $\omega\tau < 1$ 时，$A(\omega) \approx 1, \Phi(\omega) \approx 0$。表明传感器输出与输入呈线性关系，且相位差也很小，输出 $y(t)$ 比较真实地反映了输入 $x(t)$ 的变化规律，因此减小 τ 可改善传感器的频率特性。

②二阶传感器频率响应特性，如图 2-10 和图 2-11 所示。

a. 幅频特性为

$$A(\omega) = |H(j\omega)| = \cfrac{1}{\sqrt{\left[1 - \left(\cfrac{\omega}{\omega_n}\right)^2\right]^2 + \left(2\xi\cfrac{\omega}{\omega_n}\right)^2}} \tag{2-16}$$

b. 相位特性为

$$\Phi(\omega) = \angle H(j\omega) = -\arctan \cfrac{2\xi\cfrac{\omega}{\omega_n}}{1 - \left(\cfrac{\omega}{\omega_n}\right)^2} \tag{2-17}$$

式中，ξ 为阻尼比，ω_n 为固有频率。

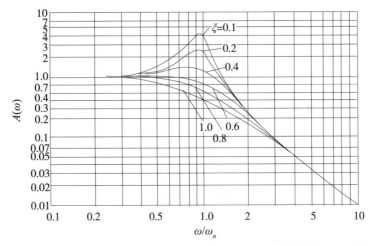

图 2-10 二阶传感器幅频特性

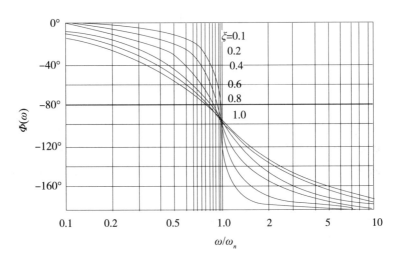

图 2-11 二阶传感器相频特性

二阶传感器频率响应特性的好坏主要取决于传感器的固有频率 ω_n 和阻尼比 ξ。当 $\xi < 1, \omega_n \gg \omega$ 时，$\Phi(\omega)$ 很小，此时，传感器的输出 $y(t)$ 再现了输入 $x(t)$ 的波形，通常固有频率 ω_n 至少应为被测信号频率 ω 的 3~5 倍，即 $\omega_n \geq (3 \sim 5)\omega$。

为了减小动态误差和扩大频率响应范围，一般是提高传感器固有频率 ω_n，而固有频率 ω_n 与传感器运动部件质量 m 和弹性敏感元件的刚度 k 有关，即 $\omega = (k/m)/2$。增大刚度 k 和减小质量 m 都可提高固有频率，但刚度 k 增加，会使传感器灵敏度降低。在实际中，应综合各种因素来确定传感器的各个特征参数。

第二节　常见的传感器

一、能量控制型传感器

能量控制型传感器将被测非电量转换成电参量，其在工作过程中不能起换能作用，需从外部供给辅助能源使其工作，所以又称为无源传感器。电阻式、电容式、电感式传感器均属这一类型。

电阻式传感器是将被测非电量变化转换成电阻变化的一种传感器。由于它结构简单、易于制造、价格便宜、性能稳定、输出功率大，在检测系统中得到了广泛的应用。

电容式传感器是将被测量（如位移、压力等）变化转换成电容量变化的一种传感器。这种传感器具有零漂小、结构简单、动态响应快、易实现非接触测量等一系列优点。电容式传感器广泛应用于位移、振动、角度、加速度等机械量的精密测量，且逐步应用在压力、压差、液面、料面、成分含量等方面的测量。

电感式传感器建立在电磁感应的基础上，利用线圈电感或互感的改变实现非电量测量位移、压力、振动等参数。电感式传感器的类型很多，根据转换原理不同，可分为自感式、互感式、电涡流式和压磁式等。

二、能量转换型传感器

能量转换型传感器感受外界机械量变化后，输出电压、电流或电荷量。它可以直接输出或放大后输出信号，传感器本身相当于一个电压源或电流源，因而这种传感器又叫源传感器。压电式、磁电式和热电式传感器等均属这一类型。

压电式传感器的工作原理基于某些电介质材料的压电特性，是典型的有源传感器。它具有体积小、重量轻、工作频带宽等优点，广泛用于各种动态力、机械冲击与振动的测量。

磁电式传感器也称为电磁感应传感器，是基于电磁感应原理，将运动转换成线圈中的感应电动势的传感器。这种传感器灵敏度高，输出功率大，因而大大简化了测量电路的设计，在振动和转速测量中得到广泛的应用。

热电式传感器是利用转换元件电磁参量随温度变化的特性，对温度和与温度有关的参量进行检测的装置。其中，将温度变化转换为电阻变化的称为热电阻传感器，将温度变化转换为热电势变化的称为热电阻传感器。热电阻传感器可分为金属热电阻式和半导体热电阻式两大类，前者简称为热电阻，后者简称为热敏电阻。热电式传感器最直接的应用是测量温度，其他应用包括测量管道流量、热电式继电器、气体成分分析仪、金属材质鉴别仪等。

三、集成与智能传感器

集成传感器将敏感元件、测量电路和各种补偿元件等集成在一块芯片上，具有体积小、重量轻、功能强和性能好的特点。目前应用的集成传感器有集成温度传感器、集成压力传感器等。若将几种不同的敏感元件集成在一个芯片上，可以制成多功能传感器，可同时测量多种参数。智能传感器是在集成传感器的基石上发展起来的，是一种装有微处理器的、能够进行信息处理和信息存储以及逻辑分析判断的传感器系统。智能传感器利用集成或混合集成的方式将传感器、信号处理电路和微处理器集成为一个整体。

智能传感器是 20 世纪 80 年代末由美国宇航局在宇宙飞船开发过程中开发的。宇航员的生活环境需要有检测湿度、气压、空气成分和微量气体的传感器，宇宙需要有检测速度、加速度、位移、位置和姿态的传感器，要使这些大量的观测数据不丢失并降低成本，必须有能实现传感器与计算机一体化的智能传感器。

智能传感器与传统传感器相比，具有如下几个特点。

（1）具有自动调零和自动校准功能。

（2）实现多参数综合测量。通过多路转换器和 A/D 转换器的结合，在程序控制下，任意选择不同参数的测量通道，扩大了测量和使用范围。

（3）具有判断和信息处理功能，对测量值进行各种修正和误差补偿。它利用微处理器的运算能力，编制适当的处理程序，可完成线性化求平均值等数据处理工作。另外，它根据工作条件的变化，按照一定的公式自动计算出修正值，提高测量的准确度。

（4）自动诊断故障。在微处观器的控制下，它能对仪表电路进行故障诊断，并自动显示故障部位。

（5）具有数字通信接口，便于与计算机联机。

智能传感器系统可以由几块相互独立的模块电路和传感器装在同一壳体里，也可以把传感器、信号调理电路和微处理器集成在同一芯片上，还可以采用与制造集成电路同样的化学加工工艺，将微小的机械结构放入芯片，使它具有传感器、执行器或机械结构的功能。例如，将半导体力敏元件、电桥线路、前置放大器、A/D 转换器、微处理器、接口电路、存储器等分别分层地集成在一块硅片上，就构成了一体化集成的智能压力传感器。

四、传感器的正确选用

传感器的正确选用是保证不失真测量的首要环节，因而在选用传感器之前，掌握传感器的基本特性是必要的。下面介绍传感器的性能指标参数和合理选用传感器的注意事项。

（一）灵敏度

传感器的灵敏度高，意味着传感器能感应微弱的变化量，即被测量有一微小变化时，传感器就会有较大的输出。但是，在选择传感器时要注意合理性，因为一般来讲，传感器的灵敏度越高，测量范围往往越窄，稳定性会越差。

传感器的灵敏度指传感器达到稳定工作状态时，输出变化量与引起变化的输入变化量之比，即

$$k = 输出变化量 / 输入变化量 = \Delta Y / \Delta X = \mathrm{d}y / \mathrm{d}x \qquad （2-18）$$

线性传感器的校准曲线的斜率就是静态灵敏度；对于非线性传感器的灵敏度，它的数值是最小二乘法求出的拟合直线的斜率。

（二）线性范围

任何传感器都有一定的线性范围。在线性范围内，它的输出与输入呈线性关系。线性范围越宽，表明传感器的工作量程越大。

传感器工作在线性范围内是保证测量精确度的基本条件。例如，机械式传感器中的弹性元件，它的材料弹性极限是决定测力量程的基本因素。当超过弹性极限时，传感器就将产生非线性误差。

任何传感器很难保证做到绝对的线性，在某些情况下，在许可限度内，也可以在近似线性区域内使用。例如，变间隙的电容式、电感式传感器，均采用在初始间隙附近的近似线性区工作。在这种情况下选用传感器时，必须考虑被测量的变化范围，保证传感器的非线性误差在允许范围内。

传感器的静态特性是在静态标准条件下，利用一定等级的标准设备，对传感器进行往复循环测试，得到的输入与输出特性列表或曲线。人们通常希望这个特性曲线是线性的，这样会对标定和数据处理带来方便。但实际的输入与输出特性智能接近线性，对比理论直线有偏差，如图 2-12 所示。

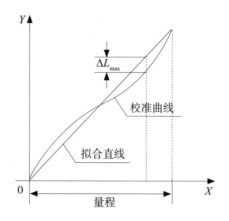

图 2-12　传感器线性度示意图

所谓线性度是指传感器的实际输入与输出曲线（校准曲线）与拟合直线之间的吻合（偏离）程度。选定拟合直线的过程就是传感器的线性化过程。实际曲线与它的两个端尖连线（称为理论直线）之间的偏差称为传感器的非线性误差。取其中最大值与输出满度值之比作为评价线性度（或非线性误差）的指标，即

$$e_L = \frac{\Delta L_{max}}{y_{FS}} \times 100\% \qquad (2-19)$$

式中，e_L——线性度（非线性误差）；

ΔL_{max}——校准曲线与拟合直线间的最大差值；

y_{FS} 为满量程输出值。

（三）响应特性

传感器的动态性能是指传感器对于随时间变化的输入量的响应特性。它是传感器的输出值能真实再现变化着的输入量的能力反映，即传感器的输出信号和输入信号随时间的变化曲线希望一致或相近。

传感器的响应特性良好，意味着传感器在所测的频率范围内满足不失真测量的条件。另外，实际传感器的响应过程总有一定的延迟，但希望延迟的时间越小越好。

一般来讲，利用光电效应、压电效应等物理特性的传感器，其响应时间短，工作频率范围宽。而结构型传感器，如电感和电容传感器等，由于受到结构特性的影响，往往由于机械系统惯性质量的限制，它们的响应时间要长些，固有频率要低些。

在动态测量中，传感器的响应特性对测试结果有直接影响，应充分考虑被测量的变化特点（如稳态、瞬态、随机）来选用传感器。

（四）稳定性

稳定性表示传感器经过长期使用之后输出特性不发生变化的性能。影响传感器稳定性的因素是时间与环境。

为了保证稳定性。在选定传感器之前，应对使用环境进行调查。以选择合适类型的传感器。例如，对于电阻应变式传感器而言。湿度会影响到它的绝缘性，温度会影响零漂；光电传感器的感光表面有尘埃或水汽时，会改变感光性能，带来测量误差。

当要求传感器在比较恶劣的环境下工作时，这时传感器的选用必须优先考虑稳定性。

（五）漂移

由于传感器内部因素或在外界干扰的情况下，传感器的输出变化称为漂移。输入状态为零时的漂移称为零点漂移，简称零漂。传感器无输入（或某一输入值不变）时。每隔一段时间进行读数。其输出偏离零值（或原指示值）。零漂可表示为

$$零漂 = \frac{\Delta Y_0}{y_{FS}} \times 100\% \qquad (2-20)$$

式中，ΔY_0——最大零点偏差（或相应偏差）。

在其他因素不变的情况下。输出随着时间的变化产生的漂移称为时间漂移。随着温度变化产生的漂移称为温度漂移。它表示当温度变化时。传感器输出值的偏离程度。一般以温度变化1℃时。输出的最大偏差与满量程的百分比来表示。

（六）重复性

重复性是指在同一工作条件下。输入量按同一方向在全测量范围内连续变化多次所得特征曲线的不一致性，在数值上用各测量值正反行程标准偏差最大值的两倍或三倍于满量程 y_{FS} 的百分比来表示，即

$$\delta = \frac{\sqrt{\sum_{i=1}^{n}(Y_i - Y)^2}}{n-1} \qquad (2-21)$$

$$\delta_k = \pm \frac{(2 \sim 3)\delta}{y_{FS}} \times 100\% \qquad (2-22)$$

式中，δ——标准偏差；

Y_i——测量值的算数平均值。

（七）精度

传感器精度指测量结果的可靠程度。它以给定的准确度来表示重复某个读

数的能力。其误差越小，则传感器精度越高。传感器精度表示为传感器在规定条件下。允许的最大绝对误差相对传感器满量程输出的百分数，即

$$精度 = \frac{\Delta A}{y_{FS}} \times 100\% \qquad (2-23)$$

式中，ΔA——测量范围内允许的最大绝对误差。

精度表示测量结果和"真值"的靠近程度，一般采用校验或标定的方法来确定，此时"真值"则靠其他更精确的仪器或工作基准来给出。相关国家标准中规定了传感器和测试仪表的精度等级，如电工仪表精度分 7 级，分别是 0.1、0.2、0.5、1.0、1.5、2.5、5 级。精度等级的确定方法是首先算出绝对误差与输出满度量程之比的百分数，然后靠近比其低的国家标准等级值即为该仪器的精度等级。

（八）分辨率（力）

分辨力是指能检测出的输入量的最小变化量，即传感器能检测到的最小输入增量。在输入零点附近的分辨力称为阈值，即产生可测输出变化量时的最小输入量值。如图 2-13 所示，（a）为非线性输出结果，（b）为线性输出结果，其中的 X_0 均表示可以开始检测的最小输出值。数字式传感器一般用分辨率表示，分辨率是指分辨力 / 满量程输入值。

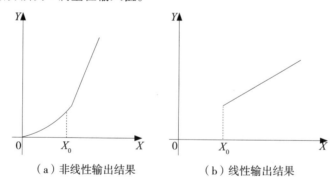

（a）非线性输出结果　　　　（b）线性输出结果

图 2-13　传感器输出的阈值示例

（九）迟滞

迟滞是指在相同工作条件下做全测量范围校准时，在同一次校准中对应同一输入量的正行程和反行程间的最大偏差。它表示传感器在正（输入量增大）、反（输入量减小）行程中输入与输出特性曲线的不重合程度。数值用最大偏差（ΔA_{max}）或最大偏差的一半与满量程输出值的百分比来表示，分别表示如下：

$$\delta_H = \pm \frac{\Delta A_{max}}{y_{FS}} \times 100\% \qquad (2-24)$$

$$\delta_H = \pm \frac{\Delta A_{max}}{2 \times y_{FS}} \times 100\% \qquad (2-25)$$

第三节　传感器的发展趋势

17 世纪初，人们就开始利用温度计测量温度。直到 1821 年德国物理学家赛贝发明了传感器，才真正把温度变成电信号，这就是后来的热电偶传感器。在半导体经过相当长一段时间的发展以后，又开发了 PN 结温度传感器、半导体热电偶传感器和集成温度传感器。与之相应，根据波与物质的相互作用规律，相继开发了红外传感器、微波传感器和声学温度传感器。

美国早在 20 世纪 80 年代就声称世界已经进入传感器时代。我国的传感器发展也有 50 多年历史。20 世纪 80 年代，改革开放给传感器行业带来了生机与活力，传感器行业进入了新的发展时期。现在。传感器的应用已经遍及工业生产、海洋探测、环境保护、医学诊断、生物工程等多方面的领域。几乎所有的现代化项目都离不开传感器的应用。在我国的传感器市场中，国外的厂商占据了较大的份额，虽然国内厂商也有了较快的发展。但其产品仍然与国际传感器技术有差距。近年来，由于国家的大力支持，我国建立了传感器技术国家重点实验室、微米／纳米国家重点实验室、机器人国家重点实验室等研发基地。初步建立了敏感元件和传感器产业。与此同时，强烈的技术竞争必然会导致技术的飞速发展，促进我国传感器技术的快速进步。目前，从发展前景来看。传感器今后的发展将会具有以下几个特点。

一、传感器的集成化

随着传感器应用领域的不断扩大。借助半导体的光刻技术、蒸镀技术、组装技术及精密细微加工等相关技术的发展。传感器正朝着集成化方向发展。将敏感元件、信息处理或转换单元及电源等部分利用半导体技术制作在同一芯片上，即是传感器的集成化。如集成压力传感器、集成温度传感器、集成磁敏传感器等。

二、传感器的固态化

物性型传感器又可以称为固态传感器，目前发展很快。它包括电介质、强磁性体和半导体三类。最引人注目的则是半导体传感器的发展。它不仅小型轻量、灵敏度高、响应速度快。而且对传感器的集成化和多功能化发展十分有利。

23

例如，目前最先进的固态传感器。在一块芯片上集成了差压、静压和温度三个传感器。差压传感器具有温度和压力的补偿功能。传感器的固态化是基于新材料的开发才得以发展的。

三、传感器的多功能化

传感器的多功能化就是把具有不同功能传感器元件集成在一起，传感器也因此具有多种参数的检测功能。这是传感器的发展方向之一。例如，美国某大学传感器研究发展中心研制的单片硅多维力传感器可以同时测量 3 个线速度、3 个离心加速度"角速度"和 3 个角加速度。其主要组成是由 4 个正确设计安装在一个基板上的悬臂梁组成的单片硅结构、9 个正确布置在各个悬臂梁上的压阻敏感元件。多功能化不仅可以有效提高传感器的稳定性、可靠性等性能指标，而且可以降低生产成本、减小体积。

四、传感器的图像化

目前，传感器的应用不仅只限于对某一点物理量的测量，已开始研究从一维、二维到三维空间的测量问题。现在已经研制成功的二维图像传感器有 MOS 型、CCD 型、CID 型全固体式摄像器件等。

五、传感器的微型化

随着计算机技术的发展，辅助设计（CAD）技术和集成电路技术迅速发展，微机电系统（MEMS）技术应用于传感器技术，从而引发了传感器的微型化。

六、传感器的智能化

传感器的智能化就是将传感器与微处理机结合，使其不仅具有检测功能，还具有信息处理、逻辑判断、自诊断及"思维"等人工智能的技术。借助于半导体集成化技术把传感器部分与信号预处理电路、输入 / 输出接口、微处理器等制作在同一块芯片上，即成为大规模集成智能传感器。可以说，智能传感器是传感器技术与大规模集成电路技术相结合的产物，而传感器技术与半导体集成化工艺水平的提高与发展会大大促进传感器智能化的进程。

第三章　传感网

第一节　传感网概述

一、传感网的起源

无线传感网是当前在国际上备受关注的、多学科高度交叉的、知识高度集成的前沿热点研究领域、传感器技术、微机电系统、现代网络和无线通信等技术的进步，推动了现代无线传感网络的产生和发展。无线传感网扩展了人们信息获取能力，将客观世界的物理信息同传输网络连接在一起，在下一代网络中将为人们提供最直接、最有效、最真实的信息。无线传感网络能够获取客观物理信息，具有十分广阔的应用前景，能应用于军事国防、工农业控制、城市管理、生物医疗、环境检测、抢险救灾、危险区域远程控制等领域。这一技术已经引起了许多国家学术界和工业界的高度重视，被认为是将对 21 世纪产生巨大影响力的技术之一。

无线传感网是一种分布式传感网络，它的末梢是可以感知和检查外部世界的传感器。无线传感网络中的传感器通过无线方式通信，因此网络设置灵活，设备位置可以随时更改，还可以跟互联网进行有线或无线方式的连接。

无线传感网就是由部署在监测区域内大量的廉价微型传感器节点组成，通过无线通信方式形成的一个多跳的自组织的网络系统，其目的是协作感知、采集和处理网络覆盖区域中被感知对象的信息，并发送给观察者。如图 3-1 所示，大量的传感器节点将探测数据通过汇聚节点经其他网络发送给了终端用户。

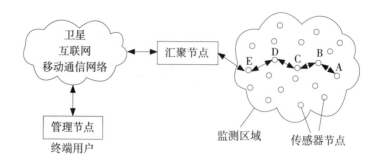

图 3-1 无线传感网

可以看出，传感器、感知对象和观察者是传感器网络的三个基本要素。

这三个要素之间通过无线网络建立通信路径，协作感知、采集、处理、发布感知信息。

无线传感网以最少的成本和最大的灵活性，连接任何有通信需求的终端设备，采集数据，发送指令。若把无线传感网各个传感器或执行单元设备视为"豆子"，将一把"豆子"（可能100粒，甚至上千粒）任意抛撒开，经过有限的"种植时间"，就可从某一粒"豆子"那里得到其他任何"豆子"的信息。作为无线组双向通信网络，传感网络能以最大的灵活性自动完成不规则分布的各种传感器与控制节点的组网，同时具有一定的移动能力和动态调整能力。

无线传感网所具有的众多类型的传感器，可探测包括地震、电磁、温度、湿度、噪声、光强度、压力、土壤成分、移动物体的大小、速度和方向等周边环境中多种多样的现象。

二、无线传感网的特点

目前常见的无线网络包括移动通信网、无线局域网、蓝牙网络、Ad Hoc 网络等。无线传感网在通信方式、动态组网以及多跳通信等方面与它们有许多相似之处，但也有很大的差别，无线传感网具有如下特点。

（一）大规模

为了获取精确信息，在监测区域通常部署大量传感器节点，可能达到成千上万，甚至更多。传感器网络的大规模性包括两方面的含义：一方面是传感器节点分布在很大的地理区域内，如在原始大森林采用传感器网络进行森林防火和环境监测，需要部署大量的传感器节点；另一方面，传感器节点部署很密集，在面积较小的空间内，密集部署了大量的传感器节点。

传感器网络的大规模性具有如下优点：通过不同空间视角获得的信息具有更大的性价比；通过分布式处理大量的采集信息能够提高监测的精确度，降低对单个节点传感器的精度要求；大量冗余节点的存在，使得系统具有很强的容错性能；大量节点能够增大覆盖的监测区域，减少洞穴或者盲区。

（二）动态性

传感器网络的拓扑结构可能因为下列因素而改变：环境因素或电能耗尽造成的传感器节点故障或失效；环境条件变化可能造成无线通信链路带宽变化，甚至时断时通；传感器网络的传感器、感知对象和观察者这三要素都可能具有移动性；新节点的加入。这就要求传感器网络系统要能够适应这种变化，具有动态的系统可重构性。

（三）自组织

在传感器网络应用中，通常情况下传感器节点被放置在没有基础结构的地方，传感器节点的位置不能预先精确设定，节点之间的相互邻居关系预先也不知道，如通过飞机播撒大量传感器节点到面积广阔的原始森林中，或随意放置到人不可到达或危险的区域。这就要求传感器节点具有自组织的能力，能够自动进行配置和感官，通过拓扑控制机制和网络协议自动形成转发监测数据的多跳无线网络系统。

在传感器网络使用过程中，部分传感器节点由于能量耗尽或环境因素造成失效，也有一些节点为了弥补失效节点、增加监测精度而补充到网络中，这样在传感器网络中的节点个数就动态地增加或减少，从而使网络的拓扑结构随之动态地变化。传感器网络的自组织性要能够适应这种网络拓扑结构的动态变化。

（四）可靠性

无线传感网特别适合部署在恶劣环境或人类不宜到达的区域，节点可能工作在露天环境中遭受日晒、风吹、雨淋，甚至遭到人或动物的破坏。传感器节点往往采用随机部署，如通过飞机撒播或发射炮弹到指定区域进行部署。这些都要求传感器节点非常坚固，不易损坏，适应各种恶劣环境条件。

由于监测区域环境的限制以及传感器节点数目巨大，不可能人工"照顾"每个传感器节点，网络的维护十分难堪，甚至不可维护。传感器网络的通信保密性和安全性也十分重要，要防止监测数据被盗取和获取伪造的监测信息。因此，传感器网络的软硬件必须具有鲁棒性和容错性。

（五）以数据为中心

互联网是先有计算机终端系统，然后再互联成为网络，终端系统可以脱离网络独立存在。在互联网中，网络设备用唯一的 IP 地址标识，资源定位和信息传输依赖于终端、路由器、服务器等网络设备的 IP 地址。如果想访问互联网中的资源，首先要知道存放资源的服务器 IP 地址。可以说，现有的互联网是一个以地址为中心的网络。

传感器网络是任务型的网络，脱离传感器网络谈论传感器节点没有任何意义。传感器网络中的节点采用节点编号标识，节点编号是否需要全网唯一取决于网络通信协议的设计。由于传感器节点随机部署，构成的传感器网络与节点编号之间的关系是完全动态的，表现为节点编号与节点位置没有必然联系。用户使用传感器网络查询事件时，直接将所有新的事件通告给网络，而不是通告给某个确定编号的节点。网络在获得指定事件的信息后汇报给用户。这种以数据本身作为查询或传输线索的思想更接近自然语言交流的习惯。所以，通常说传感器网络是一个以数据为中心的网络。

例如，在应用于目标跟踪的传感器网络中，跟踪目标可能出现在任何地方，对目标感兴趣的用户只关心目标出现的位置和时间，并不关心哪个节点监测到目标。事实上，在目标移动的过程中，必然是由不同的节点提供目标的位置消息。

（六）集成化

传感器节点的功耗低、体积小、价格便宜，实现了集成化。其中，微机电系统技术的快速发展为无线传感网络节点实现上述功能提供了相应的技术条件。在未来，类似"灰尘"的传感器节点也将会被研发出来。

（七）协作方式

协作方式通常包括协作式采集、处理、存储以及传输信息。通过协作的方式，传感器的节点可以共同实现对对象的感知，得到完整的信息。这种方式可以有效克服存储能力不足的缺点，共同完成复杂任务的执行。在协作方式下，传感器之间的节点实现远距离通信，可以通过多跳中继转发，也可以通过多节点协作发射的方式进行。

（八）自组织方式

之所以采用这种工作方式，是由无线传感器自身的特点决定的。我们事先无法确定无线传感器节点的位置，也不能明确它与周围节点的位置关系，同时，有的节点在工作中有可能会因为能效不足而失去效用，则另外的节点将会补充进来弥补这些失效的节点，还有一些节点被调整为休眠状态，这些因素共同决定了网络拓扑的动态性。这种自组织工作方式主要包括：自组织通信，自调度网络功能以及自管理网络等。

（九）密集的节点布置

在安置传感器节点的监测区域内，布置有数量庞大的传感器节点。通过这种布置方式可以对空间抽样信息或者多维信息进行捕获，通过相应的分布式处理，即可实现高精度的目标检测和识别。另外，也可以降低单个传感器的精度要求。密集布设节点之后，将会存在大量的冗余节点，这一特性能够提高系统的容错性能，对单个传感器的要求得到了大大降低。最后，适当将其中的某些节点进行休眠调整，还可以延长网络的使用寿命。

（十）无线传感器

无线传感网络中，节点的唤醒方式有以下几种。

（1）全唤醒模式。这种模式下，无线传感网络中的所有节点同时被唤醒，探测并跟踪网络中出现的目标。虽然这种模式下可以得到较高的跟踪精度，但是以网络能量的巨大消耗为代价的。

（2）由预测机制选择唤醒模式。这种模式下，无线传感网络中的节点根据跟踪任务的需要，选择性地唤醒对跟踪精度收益较大的节点，通过本拍的信息预测目标下一时刻的状态，并唤醒节点。

（3）随机唤醒模式。这种模式下，无线传感网络中的节点按给定的唤醒概率被随机唤醒。

（4）任务循环唤醒模式。这种模式下，无线传感网络中的节点周期性地处于唤醒状态，这种工作模式的节点可以与其他工作模式的节点共存，并协助其他工作模式的节点工作。

其中，由预测机制选择唤醒模式可以获得较低的能量损耗和较高的信息收益。

三、无线传感网的发展

无线传感网的发展分为以下几个阶段。

第一代传感网出现在 20 世纪 70 年代。这类具有简单信息信号获取能力的传统传感器，采用点对点传输。

第二代传感网出现在 20 世纪 80 年代至 90 年代之间。其具有获取多种信息信号的综合能力，采用串、并接口（如 RS-232、RS-485）与传感控制器相连，构成有综合多种信息能力的传感器网络。

第三代传感网出现在 21 世纪开始至今。用现场总线连接传感控制器，构成局域网，成为智能化传感器网络。这个阶段的传感网的技术特点有网络传输自组织，节点设计低功耗。它除了应用于情报部门反恐活动外，在其他领域更是获得了很好的应用。

第四代传感器网络正在研究开发阶段，目前成形并大量投入使用的产品还没有出现。大量的具有多功能多信息信号获取能力的传感器，采用自组织无线接入网络，与传感器网络控制器连接，构成无线传感网。

第二节 工业传感网

一、ZigBee 网络技术

ZigBee 标准是依照 7 层 OSI 开放系统互联参考模型建立起来。每一层为上层提供一系列特殊服务，数据实体提供数据传输服务，管理则提供所有其他服务。所有的服务实体通过服务接入点 SAP 为上层提供一个借口，每个 SAP 都支持一定数量的服务原语来实现所需的功能。其中，IEEE 802.15.4 标准定义了底层，即物理层 PHY 和介质访问控制层 MAC。ZigBee 联盟在此基础上定义了网络层 NWK 和应用层 APL 架构。应用层 APL 架构包括应用支持子层 APS、应用构架 AF、ZigBee 设备对象 ZDO 以及用户定义对象 MDAO。

（一）物理层 PHY

IEEE 802.15.4 物理层定义了无线信道和 MAC 子层之间的接口，提供物理层数据服务和物理层管理服务。物理层数据服务从无线物理信道上收发数据，物理层管理服务维护一个由物理层相关数据组成的数据库。根据标准的定义，物理层能实现以下功能：激活和休眠射频收发器、对当前信道进行能量检测 ED、对收发包进行链路质量指示 LQI、收发数据和空闲信道评估 CCA 等。

（二）介质访问控制层 MAC

IEEE 802.15.4 定义的 MAC 层提供两种服务：MAC 层数据服务和 MAC 层管理服务。前者保证 MAC 层数据协议单元在物理层数据服务中的正确收发，后者维护一个存储 MAC 子层协议状态相关的数据库。

（三）网络层

网络层需要提供保证 IEEE 802.15.4 MAC 层正确操作的函数，并为应用层提供服务接口。网络层为应用层提供了两种服务实体：数据实体 NLDE 和管理实体 NLME 的接口。网络层数据实体 NLDE 需要提供一种数据服务，来允许应用程序在两个或多个设备间传输应用协议数据；网络管理实体 NLME 负责提供允许应用程序与协议栈交互的管理服务，即 NLME 利用 NLDE 来完成一些管理任务，同时它负责维护网络信息数据库 NIB。

（四）应用层

应用层是 ZigBee 协议栈的最高层。应用层主要负责把不同的应用映射到 ZigBee 网络，包括应用支持层 APS、ZigBee 设备对象 ZDO 和应用对象 AO。应用支持层提供两个接口：应用支持层管理数据实体服务接入点 APSME-SAP、应用支持层数据实体服务接入点 ASPDE-SAP。前者用于实现安全性并通过协调的 ZDO 来接受应用层的信息，后者通过应用对象和 ADO 来发送数据。

1.ZigBee 协议栈中的术语

（1）Profile：Profile 是对逻辑设备及其接口的描述集合，是面向某个应用类型的公约和准则。它规定不同设备对消息帧的处理行为，使不同的设备之间可以通过发送命令或数据请求来实现互操作。

（2）Endpoint：Endpoint 是物理设备中的逻辑设备，每一个物理设备可支持 240 个这样的逻辑设备。其中，逻辑设备号 0 用于整个 ZigBee 设备的配置和管理，也就是物理设备本身。应用程序可以通过短点 0 与 ZigBee 其他层通信，从而实现对这些层的初始化和配置。附属在端点 0 的对象被称为 ZigBee 其他层通信，从而实现对这些层的初始化和配置；附属点 0 的对象被称为 ZigBee 设备对象。

（3）Cluster：端点之间的通信是通过称为簇的数据结构实现的。这些簇是应用对象之间共享信息所需的全部属性的容器，在特殊应用中使用的簇在模板中有定义。

Attribute：这是一个数据实体，代表一个物理量或者物理状态，可以通过这个网络变量在设备之间传递数据或命令。

Binding：这是在逻辑端点 Endpoint 或 Cluster 对和一个目的逻辑端点 Endpoint 之间，建立一个单向的逻辑连接，即基于两台设备的服务和需要将它们匹配地连接起来。

2.ZigBee 数据传输机制

数据传输到终端设备和从终端设备传输数据的确切机制随网络类型的不同而有所不同。在无信标的星型网络中，当终端设备希望发送数据帧时，它只需等待信道变为空闲。在检测到空闲信道条件时，它将帧发送到协调器。如果协调器想要将此数据发送到终端设备，它会将数据帧保存在其发送的缓冲器中，直到目标终端设备明确地来查询该数据为止。终端设备必须查询协调器以获取其数据，而不是保持接收器开启，从而允许终端设备降低其功耗要求。根据应用的要求，在绝大部分时间内终端设备处于休眠状态，仅定期地唤醒设备来发送或接收数据。

在无线传感器网络中，传送的基本上是短消息。信息的格式包括帧头、数据内容和帧尾，数据内容的格式目前有两种：一种是 KVP；一种是 MSG。KVP帧是 ZigBee 规范定义的数据传输机制，通过一种规定来标准化数据传输格式和内容，主要用于传输较简单的变量值格式数据，其格式比较严格。MSG 帧相对于 KVP 帧在结构上来说相对自由很多，主要用于专用的数据流或文件数据等数据量较大的传输机制。在应用程序中，将规定用什么样的帧结构来传送指定的数据。两种结构中都包含 Cluster ID 信息，但是在一个 Cluster 中不会同时包含这两种帧。

当网络层接收的数据帧来自 MAC 子层时，设备会首先判定该数据帧是否为广播帧。如果是，网络层将向其他设备转发该帧，同时将广播帧发布到应用层进行处理。如果不是，网络层会通过比较帧的目的地址与自身的逻辑地址，来判定是否自己就是目标设备。如果两个地址相等，该数据帧会被送到上一层进行处理。如果两个地址不相等，则说明该设备为中介设备，要继续进行帧的转发。

当网络层接收的数据帧来自应用层时，如果目的地址为广播地址，则网络层将广播发送该帧。比较简单的情况是帧的目的地址为终端设备，且为发送广播帧设备的孩子，则该帧可通过数据请求原语直接发送到目的设备，且下一跳地址即为最终的目的地址。

通常一个拥有路由容量的设备会经常检查其网络帧头控制域中的查找路径子域，如果查找路径子域的值为 0x02，设备会立即初始化查找。否则，设备将搜索路由表，查找与帧目的地址相一致的记录项。如果存在这样一个记录项，且该记录项的路径状态域为激活，则设备可利用数据请求原语转发该帧。

当转发一个数据帧时，数据请求原语中的源地址模式和目的地址模式参数值皆为 0x02，源个域网 ID 与目的个域网 ID 皆应等于转发设备的记录项的下一跳地址域决定。如果路由表中与相应的目的地址的记录项的路径状态域为查找过程中，说明该帧路由查找已经被初始化。

通常网络中所有的非协调器设备都是协调器的后裔，没有设备室终端设备的后裔。对于 ZigBee 路由器来说，当地址为 An，纵深为 d 时，如果下列逻辑为真，则地址为 D 的目的设备即为它的一个后裔，即

$$A < D < A + Cskip(d-1)$$

若通过该逻辑表达式确定了目的设备为转发设备的后裔，则吓一跳的地址为N=D。对于ZigBee终端设备而言，当 $D > A + Rm * Cskip(d)$ 时，N由下式求得：

$$N = A + 1 + D - \left[(A + 1) / Cskid(d)\right] * Cskip(d)$$

3. 路由方式

路由的设定通常有禁止路由发现、使能路由发现和强制路由发现三种模式。

（1）禁止路由发现。如果发现网络路由器存在，数据包路由指向该路由器。否则，数据包沿着树型推进。

（2）使能路由发现。如果发现网络路由器存在，数据包路由指向该路由器。如果网络路由器不能确定，路由器可以启动一个路由发现过程，当发现完成，数据包将沿着计算机出来的路由传送。如果该路由器没有路由发现能力，数据包将沿着树形推进。

（3）强制路由发现。如果路由器没有路由发现能力，不管路由是否已经存在，都将启动一个路由发现过程，当发现完成，数据包将沿着计算出来的路由传送。如果这个路由器没有路由发现能力，数据包将沿着树形推进。这个选择必须小心使用，因为它会产生较大的网络冗余，它的主要用途是修复破坏了的路由。

对于树型拓扑结构设备间的数据转发，通常可将源地址简化为上行路由（Route UP）或下行路由（Route Down）。如果 Local Addr<DestA ddr<LocalA ddr+Cskid（d–1），则为下行路由；否则为上行路由。通常网络的协调器与路由器都含有一个邻接设备表，该表记录了一定区域内与其有邻接关系的设备。若想使用邻接表进行路由，只要目标设备在物理区域内可见，即可直接发送信息。对于网络拓扑结构，要使用路由表进行路由，通常协调器或路由器都拥有自己的路由表。如果目标设备在路由表中有相关的记录，那么信息就可以根据路由表中的记录进行发送，否则要沿着树型拓扑来传输数据。

4.ZigBee 网络的自适应机制

（1）网络负载问题。网络自适应机制主要是为解决网络的负载平衡而专门为 ZigBee 网络设置的一种均衡机制，该机制对 ZigBee 网络主要有两种情况：一种是网络形成时的网络负载均衡；另一种是网络形成后的自我调节负载均衡。

当 ZigBee 网络形成时，加入网络路由设备过程无约束和无组织，这样就会使路由设备所加入的终端设备的数量出现很大的差距，进而使路由设备处理所负载的所有终端设备通信数据有很大差距，这样在大量的节点长时间通信时更会出现网络负载的不均衡现象，使整个网络的数据在各个设备间传输时出现严重的不平衡状态。一个路由设备数据已经传输完毕，而另一个路由设备还有大量的数据要处理，中心设备等待少量的主设备数据而不能进行后续工作，造成 ZigBee 网络的数据传输瓶颈问题。

为了解决这一问题，一方面在网络建立时采用一种机制即网络自适应，使整个网络中的主设备负载均衡，解决网络瓶颈问题。另一方面在网络建立后由于种种原因，如网络终端设备脱离网络、终端设备出现故障等都有可能引起网络的不均衡，网络数据传输的瓶颈问题。当出现这种现象时，自适应机制也要能使网络的各个部分负载均衡。

（2）均衡过程。对于中心设备在建立网络过程时发起网络建立消息，使各个路由设备加入网络，这时中心设备封闭所有主设备的终端设备加入信号，计算单位时间内各个路由设备的数据总量，计算单位时间内的数据值，并存储该值。通过存储所有路由设备的这个值，搜索一个最小值，打开相对应的路由设备的终端设备加入信号，一个设备加入之后，关闭该信号，再重新扫描所有路由设备的这个值，再搜索一个单位时间内数据值最小的路由设备打开终端设备加入信号，接受终端设备加入。反复操作上述过程，直到所有的终端设备加入整个网络，建立起整个 ZigBee 网络，这时记下最大值和最小值的差距。

网络建立后，在通信过程中设置定时器，定期扫描所有主设备单位时间内的通信数据值，假如最大值和最小值的差大于差值，那么就让最大值相对应的主设备的某个终端设备脱离该主设备而加入最小值的主设备，如此反复使网络始终处于一个平衡状态。

对于终端设备来说，按一定的采集频率采集数据发送到路由设备，路由设备把所有的终端设备的数据全部发送到中心设备，中心设备存储这些数据并对这些数据进行处理。

（3）计算过程。终端设备部分：假如终端设备以频率 F_i（单位：Hz/s）（i 为主设备的任意一个所负载的子设备）采集数据，数据包大小为 $SumData_i$，那么单位时间内的数据 $AverSumData_i$ 为

$$AverSumData_i = SumData_i, * F_i$$

路由设备部分：在一定时间 ms 内的信息总量 $TotalData_i$（i 为所有主设备中的任意一个）的计算依据如下：

$$TotalData_i = AverSumData1 H - AverSumData2 + ...$$
$$= SumData1 * F2 * m + SumData2 * F2 * m + \cdots$$

因此，信息总量可以确定如下：

$$TotalData_i = m * (i * F_i)$$

中心设备部分：在 ms 内接受单个主设备的数据量是 TotalDataj，则单位时间内的数据 AverDataj 为

$$AverDataj=TotalDataj/m=m*（i*Fi）/m$$

$$AverDataj=*Fj$$

扫描所有路由设备的 AverDataj，搜索最小值 MinData=MIN（AverDatat）（t 为所有主设备中的任意一个），则打开该设备的子设备加入信号，下一个终端设备加入该路由设备。

最大时间内的数据值为 MaxData，最小单位时间内数据量值为 MinData。那么它们的差值为 ΔData，则

$$ΔData=MaxData-MinData$$

在 ZigBee 网络通信过程中，定时扫描 AverDataj 值，计算差值 Data。当计算差值 Data>ΔData，让 AverDataj 最大值的路由设备某个节点脱离，加入 AverDataj 最小的那个路由设备完成网络的自适应均衡。

二、工业现场总线

现场总线是 20 世纪 80 年代末、90 年代初国际上发展形成的，用于现场总线技术过程自动化、制造自动化、楼宇自动化等领域的现场智能设备互联通信网络。它作为工厂数字通信网络的基础，沟通了生产过程现场及控制设备之间及其与更高控制管理层次之间的联系。它不仅是一个基层网络，而且还是一种开放式、新型全分布控制系统。这项以智能传感、控制、计算机、数字通信等技术为主要内容的综合技术，已经受到世界范围的关注，成为自动化技术发展的热点，并将导致自动化系统结构与设备的深刻变革。国际上许多有实力、有影响的公司都先后在不同程度上进行了现场总线技术与产品的开发。现场总线设备的工作环境处于过程设备的底层，作为工厂设备级基础通信网络，要求具有协议简单、容错能力强、安全性好、成本低的特点，具有一定的时间确定性和较高的实时性要求，还具有网络负载稳定，多数为短帧传送、信息交换频繁等特点。由于上述特点，现场总线系统从网络结构到通信技术，都具有不同上层高速数据通信网的特色。

目前国际上有 40 多种现场总线，但没有任何一种现场总线能覆盖所有的应用面，按其传输数据的大小可分为 3 类：传感器总线，属于位传输；设备总线，属于字节传输；现场总线，属于数据流传输。主流的工业现场总线包括以下几种。

（一）Lon Works 现场总线

LonWorks 现场总线是美国 Echelon 公司 1992 年推出的局部操作网络，最初主要用于楼宇自动化，但很快发展到工业现场网。LonWorks 技术为设计和实现可互操作的控制网络提供了一套完整、开放、成品化的解决途径。LonWorks 技术的核心是神经元芯片。该芯片内部装有 3 个微处理器：MAC 处理器完成介质访问控制，网络处理器完成 OSI 的 3~6 层网络协议，应用处理器完成用户现场控制应用。它们之间通过公用存储器传递数据。在控制单元中需要采集和控制功能，为此，神经元芯片特设置 11 个 I/O 口。这些 I/O 口可根据需求不同来灵活配置与外围设备的接口，如 RS232、并口、定时 / 计数、间隔处理、位 I/O 等。

LonWorks 提供的不仅仅是一套高性能的神经元芯片，更重要的是，它提供了一套完整的开发平台。工业现场中的通信不仅要将数据实时发送、接收，更多的是数据的打包、拆包、流量处理、出错处理，这使控制工程师不得不在数据通信上投入大量精力。

（二）FF 现场总线

FF 现场总线基金会是由 WorldFIP NA（北美部分，不包括欧洲）和 ISP Foundation 于 1994 年 6 月联合成立的，它是一个国际性的组织，其目标是建立单一的、开放的、可互操作的现场总线国际标准。在无线和远程 I/O 管理方面，现场总线基金会发布了基金会远程运营管理初步规范。新的技术规范是基金会面向无线和远程 I/O 进行远程运营管理解决方案的一部分，面向远程运营管理设备定义了代表基金会 HART 设备的现场总线变送器模块。该模块可以显示有线 HART 及无线 HART 设备。此外，该规范还描述了通过基金会高速以太网（HSE）传输基本 HART 命令协议解除 HART 设备进行配置和资产管理的理想方法。规范也对在连接基金会远程运营管理设备的有线多触点网络和无线 HART 网络中识别和维护 HART 设备状态的结构进行了定义。

（三）Profibus 现场总线

Profibus 是作为德国国家标准 DIN19245 和欧洲标准 prEN50170 的现场总线。ISO/OSI 模型也是它的参考模型。由 Profibus-Dp、Profibus-FMS、Profibus-PA 组成了 Profibus 系列。DP 型用于分散外设备间的高速传输，适合于加工自动化领域的应用；FMS 型为现场信息规范，适用于纺织、楼宇自动化、可编程控制器、低压开关等一般自动化；PA 型则是用于过程自动化的总线类型，它遵从 IEC1158-2 标准。该项技术是由西门子公司为主的十几家德国公司、研究所共同推出的。它采用了 OSI 模型的物理层、数据链路层，由这两部分形成了其标准第一部分的子集。DP 型隐去了 3~7 层，而增加了直接数据连接拟合作为用户接口；FMS 型只隐去第 3~6 层，采用了应用层，作为标准的第二部分；PA 型的标准目前还处于制定过程之中，其传输技术遵从 IEC1158-2（1）标准，可实现总线供电与本质安全防爆。

Profibus 支持主一从系统、纯主站系统、多主多从混合系统等几种传输方式。主站具有对总线的控制权，可主动发送信息。对多主站系统来说，主站之间采用令牌方式传递信息，得到令牌的站点可在一个事先规定的时间内拥有总线控制权，共事先规定好令牌在各主站中循环一周的最长时间。按 Profibus 的通信规范，令牌在主站之间按地址编号顺序，沿上行方向进行传递。主站在得到控制权时，可以按主一从方式，向从站发送或索取信息，实现点对点通信。主站可采取对所有站点广播（不要求应答）或有选择地向一组站点广播。Profibus 的传输速率为 96~12kbps，最大传输距离在 12kbps 时为 1000m，15Mbps 时为 400m，可用中继器延长至 10km。其传输介质可以是双绞线，也可以是光缆。最多可挂接 127 个站点。

（四）DeviceNet 现场总线

DeviceNet 是一种低成本的通信总线。它将工业设备（如限位开关、光电传感器、阀组、马达启动器、过程传感器、条形码读取器、变频驱动器、面板显示器和操作员接口）连接到网络，从而消除了昂贵的硬接线成本。直接互联性改善了设备间的通信，并同时提供了相当重要的设备级诊断功能，这是通过硬接线 I/O 接口很难实现的。

DeviceNet 是一种简单的网络解决方案，它在提供多供货商同类部件间的可互换性的同时，减少了配线和安装工业自动化设备的成本和时间。DeviceNet 不仅使设备之间以一根电缆互相连接和通讯，更重要的是它给系统所带来的设备级的诊断功能，该功能在传统的 I/O 上是很难实现的。

DeviceNet 是一个开放的网络标准，规范和协议都是开放的。DeviceNet 的主要特点是：短帧传输，每帧的最大数据为 8 个字节；无破坏性的逐位仲裁技术；网络最多可连接 64 个节点；数据传输波特率为 125kb/s、250kb/s、500kb/s；点对点、多主或主 / 从通信方式；采用 CAN 的物理和数据链路层规约。

（五）CAN 总线

CAN 是控制网络 Control Area Network 的简称，最早由德国 BOSCH 公司推出，用于汽车内部测量与执行部件之间的数据通信。其总线规范现已被 ISO 国际标准组织制定为国际标准，得到了 Motorola、Intel、Philips、Siemens、NEC 等公司的支持，已广泛应用在离散控制领域。CAN 协议也是建立在国际标准组织的开放系统互联模型基础上的，不过，其模型结构只有 3 层，只取 OSI 底层的物理层、数据链路层和最上层的应用层。其信号传输介质为双绞线，通信速率最高可达 1Mbps/40m，直接传输距离最远可达 10km/kbps，可挂接设备最多可达 110 个。

　　CAN 的信号传输采用短帧结构，每一帧的有效字节数为 8 个，因而传输时间短，受干扰的概率低。当节点严重错误时，具有自动关闭的功能以切断该节点与总线的联系，使总线上的其他节点及其通信不受影响，具有较强的抗干扰能力。CAN 支持多种方式工作，网络上任何节点均在任意时刻主动向其他节点发送信息，支持点对点、一点对多点和全局广播方式接收 / 发送数据。它采用总线仲裁技术，当出现几个节点同时在网络上传输信息时，优先级高的节点可继续传输数据，而优先级低的节点则主动停止发送，从而避免了总线冲突。

（六）HART 现场总线

　　HART（Highway Addressable Remote Transduer）。最早由 Rosemout 公司开发并得到 80 多家著名仪表公司的支持，于 1993 年成立了 HART 通信基金会。这种被称为可寻址远程传感高速通道的开放通信协议，其特点是现有模拟信号传输线上实现数字通信，属于模拟系统向数字系统转变过程中工业过程控制的过渡性产品，因而在当前的过渡时期具有较强的市场竞争能力，得到了较好的发展。

　　HART 通信模型由 3 层组成：物理层、数据链路层和应用层。同时，HART 支持点对点主从应答方式和多点广播方式。

（七）World FIP 现场总线

　　World FIP 是法国 FIP 公司在 1988 年最先推出的现场总线技术。实际上，World FIP 最早提供了现场总线网络的基本结构，使现场总线系统初步具有了信息化的技术特征。 World FIP 的特点是具有单一的总线结构来适用不同的应用领域的需求，并且没有任何网关或网桥，用软件的办法来解决高速和低速的衔接。World FIP 与 FFHSE 可以实现"透明连接"，并对 FFHSE 进行了技术拓展，如速率等。

　　World FIP 融合了控制技术和信息技术，是一种先进而开放的现场总线。在协议的设计上，一开始就把满足各种环境下对生产控制的要求和工业用户的实际需要放在首位，并且考虑了相关技术，尤其是信息技术发展所带来的影响。开发出的 World FIP 在一条总线上，在单一协议的框架内，在有调度的访问控制下，既传输实时数据又传输随机信息，两者之间互不影响，从而既是实时可预测性的，又是面向未来的可与 Internet 连接的现场总线。

（八）CC-Link 现场总线

1996 年 11 月，CC-Link（Control& Communication Link，控制与通信链路系统）由三菱电机为主导的多家公司推出，其增长势头迅猛，在亚洲占有较大份额，目前在欧洲和北美发展迅速。在其系统中，可以将控制和信息数据同时以 10Mbit/s 高速传送至现场网络，具有性能卓越、使用简单、应用广泛、节省成本等优点。其不仅解决了工业现场配线复杂的问题，同时具有优异的抗噪性能和兼容性。CC-Link 是一个以设备层为主的网络，同时也可覆盖较高层次的控制层和较低层次的传感层。

（九）INTERBUS 现场总线

INTERBUS 是德国 Phoenix 公司推出的较早的现场总线，2000 年 2 月成为国际标准 IEC6U58。INTERBUS 采用国际标准化组织 ISO 的开放化系统互联 OSI 的简化模型，即只有物理层、数据链路层、应用层，具有强大的可靠性、可诊断性和易维护性。其采用集总帧型的数据环通信，具有低速度、高效率的特点，并严格保证了数据传输的同步性和周期性。另外，该总线的实时性、抗干扰性和可维护性也非常出色。INTERBUS 广泛地应用到汽车、烟草、仓储、造纸、包装、食品等工业，成为国际现场总线的领先者。

三、工业以太网

工业以太网是在以太网技术和 TCP/IP 技术的基础上开发出来的一种工业网络。工业以太网和商用计算机网络一样，协议分为 5 层：物理层、数据链路层、网络层、传输层和应用层。其中，网络层和传输层与商用计算机网络完全一致，都采用 TCP/IP 协议组；物理层和数据链路层基本一致；最大的区别就是应用层协议。

（一）物理层

工业以太网和商用网络的物理层标准都一样，只是所用的设备如电缆、光纤等的可靠性、抗干扰性要好，安全性高，能适用于工业现场。

（二）数据链路层

在广域网中，通信子网是点对点的通信方式。在局域网中，网上所有节点共享通信介质，就会发生冲突。为了解决局域网中各个节点争用通信介质的问题，将数据链路层划分为两个子层：逻辑链路控制（Logical Link Control，LLC）

和介质控制（Medium Access Control，MAC）子层。MAC 子层处理局域网中各节点对通信介质的争用问题，对于不同的网络拓扑结构采用不同的 MAC 算法。LLC 子层能把数据帧封装或拆装，为高层服务提供逻辑接口，并且解决差错控制和流量控制问题，从而在不可靠的物理链路上实现可靠的数据传输。

（三）网络层和传输层

网络层和传输层的协议采用 TCP/IP。网络层协议主要有网际互联协议（Internet Protocol，IP）、网络控制报文协议（Internet Control Message Protocol，ICMP）和网络组管理协议（Internet Group Management Protocol，IGMP）。传输层协议包括用户数据报协议（User Data gram Protocol，UDP）和传输控制协议（Transmission Control Protocol，TCP）。

（四）应用层

两个控制设备要想正常通信必须使用相同的语言规则，也就是必须要有统一的应用层协议。目前，商用计算机网络采用的应用层协议主要是 HTTP（超文本传输协议）、SMTP（简单邮件传输协议）、FTP（文件传输协议）、Telnet（远程登录协议）等。这些协议所规定的数据结构等特性不符合工业控制现场设备之间的实时通信要求，因此必须在以太网和 TCP/IP 协议的基础上，制定有效的应用层协议，也就是工业以太网协议，协调好工业现场控制系统中实时与非实时信息的传输。目前已经制定的工业以太网协议有 MODBUS/TCP、PROFINET、Ethemet/IP、HSE、EPA 等。

第三节　光载无线技术

一、光载无线技术的基本原理

光载无线技术（Radio-over-Fiber，ROF），是一种光和微波结合的通信技术，是利用光纤的低损耗、高带宽特性，提升无线接入网的带宽，为用户提供"anywhere。anytime。anything"的服务。它的产生与发展都来源于用户对无线接入网的带宽的需求，具有低损耗、高带宽、不受无线频率的干扰、便于安装和维护、功率消耗小以及操作更加灵活等优点。

光载无线通信是应高速大容量无线通信需求，新兴发展起来的将光纤通信和无线通信相结合起来的无线接入技术。ROF 系统中运用光纤作为基站（BTS）

与中心站（CS）之间的传输链路，直接利用光载波来传输射频信号。光纤仅起到传输的作用，交换、控制和信号的再生都集中在中心站，基站仅实现光电转换。这样可以把复杂昂贵的设备集中到中心站点，让多个远端基站共享这些设备，减少基站的功耗和成本。

光纤传输的射频（或毫米波）信号提高了无线带宽，但天线发射后在大气中的损耗会增大，所以要求蜂窝结构向微微小区转变，而基站结构的简化有利于增加基站数目来减少蜂窝覆盖面积，从而使组网更为灵活，大气中无线信号的多经衰落也会降低。另外，利用光纤作为传输链路，具有低损耗、高带宽和防止电磁干扰的特点。正是这些优点，使得 ROF 技术在未来无线宽带通信、卫星通信以及智能交通系统等领域有广阔的应用前景。

二、光载无线技术在工业感知的应用

光载无线技术充分结合光纤和无线电波传输的特点，能实现大容量、低成本的射频信号有线传输和宽带无线接入，并具有覆盖面广、易于动态管理和维护等特点，在未来泛在超宽带蜂窝网络、室内无线局域网络、卫星通信、视频分布式系统、智能交通通信和控制等领域具有巨大的应用前景。目前，光载无线技术系统已经被用于一些使用 1–2GHZ 频段的蜂窝系统，包括个人 CDMA 系统、3G/4G 系统。国际上有 LGCWireless、TekmarADC 等公司已经推出多种基于光载无线技术的设备，而 Alcatel 和 Pirelli 公司更是已经构建了光载无线技术系统，面向未来的无线接入应用。

光载无线技术系统已经成为世界众多研究机构争相攻克的技术热点，并得到相关政府的大力资助。欧盟不惜花费巨额资金来支持 FP7 和 FP6 等系列重大专项项目的研究，进行题为"面向家庭和接入网络的创新性网络架构和系统技术解决方案"的研究。FP6 项目联合 19 个科研和企业单位，进行题为"低成本光接入网技术以及光无线融合技术"的研究。此外，在英国政府资助项目"设计支持固定 / 无线多种业务的基于 IP 的下一代融合网络"中，光载无线系统及其应用也是一项重要的研究内容。光载无线技术链路及系统已成为近年来国际顶级光通信会议 OFC 和 ECOC 的报道专题。在国外，许多大学研究组和企业机构都对该项目投入了大量的研究精力，这些机构包括美国的佐治亚理工大学、斯坦福大学、BELL 实验室，日本的 NEC、NTT、NICT、KDDI 等世界知名研究机构。国内在光无线融合的单项技术方面具有较好的研究基础。一些大学及研究机构如北京邮电大学、清华大学、北京大学、华中科技大学、上海交通大学、湖南大学以及中科院半导体研究所等都对光载无线技术系统进行研究，但较少涉及工业网络及物联网方面。

目前，光载无线技术的应用主要集中在发达国家，如美国军方的大型舰艇内部的无线信号分布系统，用于内部通信和数据传输，以及设备、物资、人员的跟踪定位；医院的无线信号分布系统，用于远程医疗，医疗设备、药品的跟踪，医生和病人的定位等；智能大量内部的无线信号分布系统等。基于模拟光纤链路的光载无线智能网络正朝着低成本、高性能、模块集成化、高速率、全向覆盖、智能感知以及与软件无线电融合的方向发展，未来将成为工业网络和物联网应用发展的重要支撑技术。

第四节　6LoWPAN 传感网络

一、6LoWPAN 简介

6LoWPAN 是在 IEEE802.15.4 标准基础上实现 IPv6 通信的一种网络传输技术。6LoWPAN 中 LoWPAN（Low Power Wireless Personal Area Network）的本意是指低功耗无线个人域网。然而随着近年来研究的深入，LoWPAN 所涵盖的范围已远远超出了个人域网的范畴，包括了所有的无线低功耗网络，传感网即是其中最典型的一种 LoWPAN 网络。而 6LoWPAN（IPv6overLoWPAN）技术是旨在将 LoWPAN 中的微小设备用 IPv6 技术连接起来，形成一个比互联网覆盖范围更广的物联网世界。

传感网本身与传统 IP 网络存在显著的差别。传感网中设备的资源都极其受限。在通信带宽方面，IEEE802.15.4 的带宽为 250kbps、40kpbs、20kbps（分别对应 2.4GHz、915MHz 和 868MHz 的频段）。在能量供应方面，传感网中的设备一般都使用电池供电。因此使用的网络协议都需要优先考虑能量有效性。设备一般是长期睡眠状态以省电，在这段时间内不能与它通信。

传感网设备的部署数量一般都较大，要求低成本，生命期长，不能像手持设备那样经常充电，而要长期在无人工干预的情况下工作。设备位置是不确定的，可以任意摆放，并且可能会移动。有时候，设备甚至布在人不能轻易到达的地方。设备本身及其工作环境也不稳定，需要考虑有时候设备会因为失效而访问不到，或者因为无线通信的不确定性失去连接、设备电池会漏电、设备本身会被捕获等各种现实中存在的问题。

由于传感网的这些特性，导致了长期以来传感网设备上使用的网络通信协议通常针对应用优先，而没有一个统一的标准。虽然目前绝大多数传感网平台都使用 IEEE802.15.4 作为物理层和 MAC 层的标准，但是通信协议栈的上层仍然是私有的或是由企业联盟把持的，如 ZigBee 和 Z-Wave。各种各样的解决方案导致了传感网间的交互颇为困难。各协议间的区别也使传感网与现存 IP 网络间的无缝整合成为不可能的任务。学术界一度认为 IP 协议太大而不适合内存受限设备。然而，近期的研究表明传感网也适合使用 IP 架构。首先，这是因为 IP 网络已存在多年，表现良好，可以沿用这个现成的架构。其次，IP 技术是开放的，其规范是可以自由获取的，与专有的技术相比，IP 更容易被大众所接受。另外，目前已存在不少 IP 网络分析、管理的工具可供使用。IP 架构还可以轻易地与其他 IP 网络无缝连接，不需要中间做协议转换的网关和代理。

目前，将现有 IP 架构沿用到传感网上时还存在一些技术问题。传感网设备众多，需要极大的地址空间，并且对每个设备逐个配置是不现实的，需要网络具有自动配置能力，而 IPv6 已有了这些方面的解决方法，使得它成为适用于大规模传感网部署的协议。然而，传感网中的数据包大小受限，需要添加适配层以承载长度较大的 IPv6 数据包，并且 IPv6 地址格式需要与 IEEE802.15.4 地址一一对应。另外，在传感网中传输的 IPv6 包有大量冗余信息，可以对它进行压缩。传感网设备一般都没有输入和显示设备，所布的位置可能也不容易预测。所以传感网使用的协议应当自配置、自启动，并能在不可靠的环境中自愈合。网络管理协议的通信量应当尽可能少，但要足以控制密集的设备部署。另外，还需要有简单的服务发现协议用于发现、控制和维护设备提供的服务。传感网所有协议设计的共同目标是减少数据包开销、带宽开销、处理开销和能量开销。

为了解决这些问题，IETF（Internet Engineering Task Force，互联网工程任务组）成立了 6LoWPAN 工作组负责制定相应的标准。目前该工作组已完成了"6L0WPAN 概述""IPv6 在 IEEE 802.15.4 上传输的数据包格式"和"IPv6 报头压缩规范"3 个 RFC（Request For Comments，征求修正意见书）。该工作组今后还将致力于标准化 6LoWPAN 邻居发现的优化、更紧凑的报头压缩方式、6LoWPAN 网络的架构和网络的安全分析等方面。

目前已存在几种 6LoWPAN 协议栈实现，较为常用的是 Tiny OS 中的 Blip 和 Contiki 中的 uIPv6。

二、6LoWPAN 协议栈体系结构

6LoWPAN 协议栈结构与传统 IP 协议栈类似，如图 3-2 所示。

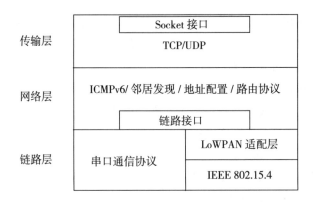

图 3-2　6LoWPAN 协议栈结构

（一）链路接口

传感网中的汇聚节点一般具备多个接口，通常使用串口与上位机进行点对点通信，而 IEEE 802.15.4 接口通过无线信号与传感网中的节点通信。链路接口部分就负责维护各个网络接口的接口类型、收发速率和 MTU 等参数，便于上层协议根据这些参数做相应的优化以提高网络性能。

（二）网络层

网络层负责数据包的编址和路由等功能。其中，地址配置部分用于管理与配置节点的本地链路地址和全局地址。ICMPv6 用于报告 IPv6 节点数据包处理过程中的错误消息并完成网络诊断功能。邻居发现用于发现同一链路上邻居的存在、配置和解析本地链路地址、寻找默认路由和决定邻居可达性。路由协议负责为收到的数据包寻找下一跳路由。

（三）LoWPAN 适配层

IPv6 对链路能传输的最小数据包要求为 1280 字节，而 IEEE 802.15.4 协议单个数据包最大只能发送 127 字节。因此需要 LoWPAN 适配层负责将数据包分片重组，以便让 IPv6 的数据包可以在 IEEE802.15.4 设备上传输。另外，LoWPAN 层也负责对数据包头进行压缩以减少通信开销。

（四）传输层

传输层负责主机间端到端的通信。其中，UDP 用于不可靠的数据包通信，TCP 用于可靠数据流通信。然而，由于资源的限制，传感网节点上无法完整实现流量控制、拥塞控制等功能。

（五）Socket 接口

Socket 接口用于为应用程序提供协议栈的网络编程接口，包含建立连接、数据收发和错误检测等功能。

采用了 6LoWPAN 协议栈的传感网系统结构，如图 3-3 所示。在这种结构下，互联网主机上的应用层程序只需知道感知节点的 IP 地址即可与它进行端到端的通信，而不需要知道网关和汇聚节点的存在，从而极大地简化了传感网系统的网络编程模型。

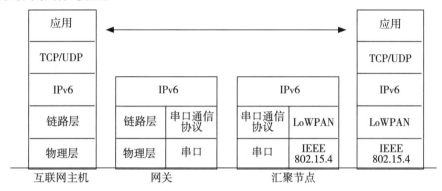

图 3-3　采用 6LoWPAN 协议栈的传感网系统结构

三、6LoWPAN 适配层

传感网通常采用能耗极低的 IEEE 802.15.4 协议作为底层通信协议，它的最大负载长度为 127 字节，然而 RFC2460 规定 IPv6 链路的最小 MTU 为 1280 字节。为了在 IEEE 802.15.4 链路上传输 IPv6 数据包，必须在 IP 层以下提供一个分片和重组层。RFC4944 定义的 LoWPAN 适配层指定了分片和重组的方式。

由于 IEEE 802.15.4 物理层最大包长为 127 字节，MAC 层最大帧长为 102 字节，若加上安全机制（如 AES-CCM-128 需占用 21 字节），数据包长度只有 81 字节，再除去 IPv6 包头 40 字节，UDP 的包头 8 字节（TCP 包头 20 字节），因此在最坏的情况下，有效数据只有 33 字节（TCP 为 21 字节）。若再加上分片头，则可携带的实际数据量将更少。由于数据包头中有不少冗余数据，因此 LoWPAN 适配层中定义了一系列包头压缩方式对数据包头进行压缩。

此外，IEEE 802.15.4 支持两种 MAC 地址格式：16 位短地址和 64 位 IEEE EUI 地址。传感网 IPv6 需要能同时支持这两种地址格式，以满足不同应用的需求。LoWPAN 适配层支持这两种地址的无状态地址自动配置方式，以减少通信开销。

四、6LoWPAN 路由协议

6LoWPAN 协议设计中的一个核心问题是使用 route-over 架构还是使用 mesh-under 架构。

在 mesh-under 架构中，路由是在网络层以下实现的，网络层中的主机可以认为传感网中的所有节点都可以一跳到达。这种方式将整个传感网认作一个子网以便于网络层协议的实现，但这样的效率并不高，数据包传输的开销较大，并且会导致不必要的冗余。

在 route-over 架构中，路由在网络层实现，因此 IP 协议层中可以知道下层的拓扑结构，从而减少不必要的开销，并且便于使用一些传统调试工具（如 trace route）调试网络。

现存的支持 IPv6 的路由协议已为数不少，如 OSPFv3、RIPng 和 BGP4+ 等，但这些路由协议都只适用于有线网络。用于无线网络的路由协议，如 AODV 的开销过大，包头就占用了 48 字节，并不适用于设备资源受限的传感网。

传感网络由协议要求数据包大小和开销要尽可能小，最好与跳数无关，控制包应当在一个 IEEE 802.15.4 帧中就能放下。因为设备是资源受限的，路由协议的计算和存储开销要尽量小，所以传感网节点中的路由表的大小有限，不能使用复杂的路由协议。传感网络由协议的设计需要权衡路由协议的开销、网络拓扑的变化、能耗三者。TinyOS 中的 DYMO 和 S4 路由协议可以作为 IPv6 的路由协议，而分发协议 CTP 和汇聚协议 Drip 就不能直接在 IPv6 架构下使用，因为它们是没有地址的。目前专门为 LoWPAN 设计的路由协议（RPL 协议）尚在制定完善中，很有可能成为 6LoWPAN 中使用的标准路由协议。

五、6LoWPAN 传输层

（一）UDP

传感网中使用 UDP 具有很多优势。首先，UDP 的开销非常小，协议简单，因此数据包发送和接收所消耗的能量较少，并且可以携带更多的应用层数据。协议简单就意味着实现 UDP 所占用的 RAM 空间和代码空间较小，这对资源受限的传感网节点来说是十分有利的。当传感器节点需要周期性发送采集到的数据并且数据包丢失的影响并不大时，十分适合使用 UDP 来传输数据。此外，路由协议和多播通信机制都使用 UDP 实现。

UDP 的缺点是没有丢包检测，没有可靠的恢复机制，因此需要应用层程序保证可靠性。另外，UDP 本身也不会去根据 MTU/MSS 调整单个数据包的大小，当 UDP 下发一个较大的数据包时，就需要 IP 层分片，然而实现 IP 数据包分片在传感网中十分消耗内存资源。上述几个缺点都需要 TCP 来弥补。

（二）TCP

TCP 提供了可靠的字节流传输机制，其可靠性由应答和数据包重传机制保证。由于传感网使用无线通信，容易受到干扰而丢失数据包，因此保证数据传输的可靠性是很有必要的。尽管 TCP 在高带宽的无线网络通信中存在不少效率方面的问题，但是传感网一般不要求太高的吞吐量，只需要保证数据传输的可靠性。为了与现有的互联网不通过网关直接互联，必须在传感网节点上实现 TCP。

尽管 TCP 是一个相当复杂的协议，但在资源受限的设备上仍然足以容纳其核心功能。使用 TCP 建立多个连接时需要为每个连接维护当前状态信息，但传感网节点上显然没有足够多的资源保存太多的连接状态，因此 TCP 的连接数量受到了限制。

TCP 原本是为通用计算机设计，采用了众多措施以提高吞吐量。但对于传感网来说，吞吐量通常不是系统设计的主要目标，因此传感网 TCP 的实现需要在内存占用和吞吐量之间做权衡。资源受限设备上通常无法实现 TCP 中的滑动窗口和拥塞控制机制，因为这些机制所需要的缓冲区空间远远超出了一般传感网节点所具有的内存资源。这就意味着在一个 TCP 连接中发送者最多只能一次发送一个数据包。这就导致 TCP 中的延迟 ACK 会降低系统的吞吐量。延迟 ACK 原本用于减少 ACK 包的数量，它在接收到数据包后做适当的延时，并选择合适的时机一次性应答所有未应答的数据。但传感网节点的每个连接中至多只有一个数据包，发送者必须收到前一个数据包的 ACK 才能发送下一个数据包，因此接收方的延迟 ACK 会严重降低网络的吞吐量，所以必须在实现中禁用该机制。

（三）接口 API

接口 API 是协议栈与应用层交互的接口。传统 IP 协议栈最常用的接口 API 是 Berkeley Socket API，它原本在 UNIX 系统中使用，但其他操作系统中的网络编程接口也通常与它类似，如 Windows 中的 WinSock。Socket API 是为多线程编程模型设计的，然而传感网 操作系统并不一定支持多线程机制，即使支持也需要消耗更多的存储空间。例如，TinyOS 是事件触发的操作系统，因此 TinyOS 的 IPv6 协议 Blip 使用类似于传统的 Socket API 的事件驱动 API。事件驱动 API

的好处是内存开销小，应用层不需要额外的缓冲区，执行的效率更高，程序能更快地响应和处理发往节点的数据和连接请求。

第五节　传感网关键技术

一、核心关键技术

在确定采用无线传感网技术进行应用系统设计后，首先面临的问题是采用何种组网模式，是否具有基础设施支持，是否有移动终端参与。汇报频率与延迟等应用需求直接决定了组网模式。

（一）组网模式

1.扁平组网模式

扁平组网模式，即所有节点的角色相同，通过相互协作完成数据的交流和汇聚。最经典的定向扩散路由研究的就是这种网络结构。

2.网状网（Mesh）模式

网状网（Mesh）模式一方面在传感器节点形成的网络上增加一层固定无线网络，用来收集传感节点数据；另一方面实现节点之间的信息通信，以及网内融合处理。

3.基于分簇的层次型组网模式

节点分为普通传感节点和用于数据汇聚的簇头节点，传感节点将数据先发送到簇头节点，然后由簇头节点汇聚到后台。簇头节点需要完成更多的工作，消耗更多的能量。如果使用相同的节点实现分簇，则要按需更换簇头，避免簇头节点因为过度消耗能量而死亡。

4.移动汇聚模式

移动汇聚模式是指使用移动终端收集目标区域的传感数据，并转发到后端服务器移动汇聚可以提高网络的容量，但数据的传递延迟与移动汇聚节点的轨迹相关。如何控制移动终端轨迹和速率是该模式研究的重要目标。

此外，还有其他类型的网络。例如，当传感节点全部为移动节点，通过与固定的网状网进行数据通信（移动产生的通信机会），可形成目前另一个研究热点，即机会通信模式。

（二）拓扑控制

组网模式决定了网络的总体拓扑结构，但为了实现无线传感网的低能耗运行，还需要对节点连接关系的时变规律进行细粒度控制。目前主要的拓扑控制技术分为时间控制、空间控制和逻辑控制3种。时间控制通过控制每个节点睡眠、工作的占空比，节点间睡眠起始时间的调度，让节点交替工作，网络拓扑在有限的拓扑结构间切换；空间控制通过控制节点发送功率改变节点的连通区域，使网络呈现不同的连通形态，从而获得控制能耗、提高网络容量的效果；逻辑控制则是通过邻居表将不"理想的"节点排除在外，从而形成更稳固、可靠和强健的拓扑。无线传感网技术中，拓扑控制的目的在于实现网络的连通（实时连通或者机会连通）的同时保证信息的能量高效、可靠的传输。

（三）媒体访问控制和链路控制

媒体访问控制和链路控制解决无线网络中普遍存在的冲突和丢失问题，根据网络中数据流状态控制临近节点，乃至网络中所有节点的信道访问方式和顺序，达到高效利用网络容量、减低能耗的目的。要实现拓扑控制中的时间和空间控制，无线传感网的媒体访问控制层需要配合完成睡眠机制、时分信道分配和空分复用等功能。

（四）路由、数据转发及跨层设计

无线传感网网络中的数据流向与因特网相反：因特网中，终端设备主要从网络上获取信息；而在无线传感网中，终端设备是向网络提供信息。因此，无线传感网络层协议设计有自己的独特要求。由于在无线传感网网络中对能量效率的苛刻要求，研究人员通常利用媒体访问控制层的跨层服务信息来进行转发节点、数据流向的选择。另外，网络在任务发布过程中一般要将任务信息传送给所有的节点，因此设计能量高效的数据分发协议也是在网络层研究的重点，网络编码技术也是提高网络数据转发效率的一项技术。在分布式存储网络架构中，一份数据往往有不同的代理对其感兴趣，网络编码技术通过有效减少网络中数据包的转发次数，来提高网络容量和效率。

（五）质量服务保障和可靠性设计

质量服务保障和可靠性设计技术是传感器网络走向可用的关键技术之一。质量服务保障技术包括通信层控制和服务层控制。传感器网络大量的节点如果没有质量控制，将很难完成实时监测环境变化的任务。可靠性设计技术的目的则是保证节点和网络在恶劣工作条件下长时间工作。节点计算和通信模块的失效直接导致节点脱离网络，而传感模块的失效则可能导致数据出现歧变，造成网络的误警。如何通过数据检测失效节点也是关键研究内容之一。

二、关键支撑技术

无线传感网络的研究涉及多门学科的交叉，其关键的技术主要有以下几种。

（一）时间同步

时间同步技术是完成实时信息采集的基本要求，也是提高定位精度的关键手段。常用方法是通过时间同步协议完成节点间的对时，通过滤波技术抑制时钟噪声和漂移。最近，利用耦合振荡器的同步技术实现网络无状态自然同步方法也备受关注，这是一种高效的、可无限扩展的时间同步新技术。

无线传感网络是一个分布式协同工作的网络，它要求网络中的各节点能够相互协同配合。因此，时间同步是无线传感网络的一个关键机制。常见的几种无线传感网络同步算法有：TPSN 算法、RBS 算法、Tiny-Sync 算法、Mini-Syflc 和 LTS 算法等。

（二）定位技术

在无线传感网络很多应用中，位置信息的采集是传感器节点采集数据中不可缺少的一部分，没有位置信息的监测消息常常没有意义。能够准确获得采集数据的节点的位置或事件发生的确定位置是无线传感网络的基本功能之一。随机部署的传感器节点必须能够在部署后确定自己的位置。该定位信息不仅可以用来报告事件发生的位置，而且可以进行目标轨迹预测、目标跟踪、协助路由以及网络拓扑管理等。无线传感网络的节点定位技术具有能量高效、自组织、分布式计算等特性，同时也具有良好的鲁棒性。节点定位的基本方法有极大似然估计法、三边测量法、三角测量法等。

定位跟踪技术包括节点自定位和网络区域内的目标定位跟踪。节点自定位是指确定网络中节点自身位置，这是随机部署组网的基本要求。网络区域内的目标定位技术是室外惯常采用的自定位手段，但一方面成本较高，另一方面在有遮挡的地区会失效。传感器网络更多采用混合定位方法，即手动部署少量的锚节点（携带 GPS 模块），其他节点根据拓扑和距离关系进行间接位置估计。目标定位跟踪通过网络中节点之间的配合完成对网络区域中特定目标的定位和跟踪，一般建立在节点自定位的基础上。

（三）数据融合

数据融合是指将多份数据或信息进行处理，组合出更高效、更符合用户需求的数据的过程。数据融合能够节省能量、提高数据收集效率、获取更准确的信息等，但是同时也付出了延迟的代价。

（四）网络拓扑控制

网络拓扑控制也是无线传感网络的关键技术之一，其目标是：在满足网络覆盖度以及连通度的前提下，通过功率控制与骨干网节点选评，剔除节点间不需要的无线通信链路，形成高效的数据转发和传输网络拓扑结构。好的网络拓扑结构能够明显提高路由协议和 MAC 协议的效率，能够为时间同步、数据融合和节点定位等技术奠定基础。

目前，在人们对无线传感网络的研究中，如何降低节点的能量消耗和有效地利用有限的能量来延长网络生存时间一直是人们研究的热点。为了延长网络的生存时间，人们从网络的路由机制到节点的合作层面都提出了各种算法。传感器网络内数据处理、数据融合、数据中心存储等被提出并被广泛地研究。无线传感网络的各个方面问题在研究时都被抽象为某一个或几个模型，各种理论研究都在这些模型条件下进行。由于无线传感网络本身与应用密切相关，各种算法的性能到底能否满足应用要求还没有一个统一的衡量标准。各种路由算法也缺乏在一个统一的仿真平台下进行性能比较。如何最有效地利用有限的能量资源也是无线传感网络研究中最活跃的一个领域。各种关于无线传感网络的研究都是围绕这一问题而展开的。

（五）安全技术

无线传感网络不仅要进行信息的采集，而且要进行信息的融合、传输、任务的协同控制等，并且采用的是无线传输信道。这就导致了传感器网络存在窃听、消息篡改、恶意路由等威胁，成为无线传感网络的一个重要问题。无线传感网络需要考虑如何保证任务被执行的机密性、数据传输的安全性、数据生产的可靠性等问题。此外，无线传感网络的特点使得传统网络的安全机制不能再适用，必须针对无线传感网络研究专门的安全机制。安全通信和认证技术在军事和金融等敏感信息传递应用中有直接需求。传感器网络由于部署环境和传播介质的开放性，很容易受到各种攻击。但受无线传感网资源限制，直接应用安全通信、完整性认证、数据新鲜性、广播认证等现有算法存在实现的困难。鉴于此，研究人员一方面探讨在不问组网形式、网络协议设计中可能遭到的各种攻击形式；另一方面设计安全强度可控的简化算法和精巧协议，满足传感器网络的显示需求。

第四章　传感数据融合技术

第一节　传感数据融合技术概述

一、数据融合的定义和基本原理

近二十年来，多传感器数据融合技术得到了普遍的关注和广泛应用。根据国内外研究成果，数据融合比较确切的定义可以概括为：利用计算机技术，对按时序获得的若干传感器的观测信息，在一定准则下加以自动分析、综合，以完成所需的决策和估计任务而进行的信息处理过程，又可称作多传感器融合（Multi-Sensor Fusion，MSF）。按照这一定义，多传感器系统是数据融合的硬件基础，多源信息是信息融合的加工对象，协调优化和综合处理是信息融合的核心。

多传感器信息融合是人类或其他逻辑系统中常见的基本功能。人类非常自然地运用这一能力把来自人体各个传感器（眼、耳、口、鼻、四肢）的信息（景物、声音、气味、触觉）组合起来，并使用先验知识去估计、理解周围环境和正在发生的事件。

在模仿人脑综合处理复杂问题的信息融合系统中，各种传感器的信息可能具有不同的特征：实时或非实时，快变或者缓变，模糊或者确定。多传感器信息融合的基本原理也像人脑综合处理信息一样，充分利用多个传感器资源，通过对这些传感器及其观测信息的合理支配和使用，把多个传感器在空间或时间的冗余或互补信息依据某种准则来进行组合，以获得被测对象的一致性解释或描述，数据融合的基本目标是利用多个传感器共同或联合操作的优势，提高传感器系统的有效性。

多传感器信息融合系统与所有单传感器信号处理相比，单传感器信号处理是对人脑信息处理的一种低水平模仿，它们不能像多传感器数据融合系统那样有效地利用传感器资源，而多传感器信息融合系统可以更大程度地获得被测目标和环境的信息。

正在发生的事件做出估计，人类在现实生活中，非常自然地运用了多传感器数据融合这一基本功能。

人体的各个器官（眼、耳、鼻、四肢）就相当于传感器，它们将自然界的各种信息（颜色、景物、声音、气味、触觉）组合起来，人们再使用先验知识去估计、理解周围环境和正在发生的事情，并做出相应的行动。

由于感官具有不同的度量特征，因而可测出不同空间范围内的各种物理现象，这一过程是复杂的，也是自适应的。把各种信息或数据（图像、声音、气味、形状、纹理或者上下文等）装换成对环境的有价值解释，需要大量的复杂的智能处理，以及适用于解释组合信息含义的知识库。

多传感器数据融合的基本原理就像人脑综合处理信息的过程一样，它充分利用多个传感器资源，通过对这些传感器及其观测信息的合理支配和使用，把多个传感器在时间或空间上的冗余或互补信息依据某种准则来进行组合，以获得被测对象的一致性解释或描述，使该信息系统由此而获得比它的组成部分的子集所构成的系统更优越的性能，传感器之间的冗余数据增强了系统的可靠性传感器之间的互补数据扩展了单个的性能。多传感器数据融合与经典信号处理方法之间存在本质的区别，其关键在于数据融合所处理多传感器信息具有更为复杂的形式，并且可以在不同的信息层次上出现。模仿人脑综合处理复杂问题的数据融合系统，利用多源数据的优势，提高数据的使用率，获得更为准确的结果，也是最佳协调作用的结果。

利用多个传感器共同或联合操作的优势，提高传感器系统的有效性，消除单个或少量传感器的局限性。

在多传感器数据融合系统中，各种传感器的数据可以具有不同的特征，可能是实时的或非实时的、模糊的或确定的、互相支持的或互补的，也可能是互相矛盾或竞争的。简而言之，多传感器数据融合基本原理如下：

（1）N 个不同类型的传感器（有源或无源的）收集观测目标的数据；

（2）对传感器的输出数据（离散的或连续的时间函数数据、输出矢量、成像数据或一个直接的属性说明）进行特征提取的变换，提取代表观测数据的特征矢量 Y_i；

（3）对特征矢量 Y_i 进行模式识别处理，完成各传感器关于目标的说明；

（4）将各传感器关于目标的说明数据按同一目标进行分组，即关联；

（5）利用融合算法将每一目标各传感器数据进行合成，得到该目标的一致性解释与描述。

二、WSNs 安全数据融合研究现状

WSNs 的安全需求可以通过应用对称或非对称加密机制实现，由于传感器节点的资源限制，从能耗角度来说，对称加密机制优于非对称加密机制。因此，一些基于对称加密机制的安全数据融合协议最先被提出，这些协议采用点到点数据融合模式，即融合节点必须在收到报文时对报文进行解密得到明文，然后根据相应的融合函数对明文进行统计分析和计算，并将计算结果加密后转发给下一跳融合节点。点到点数据融合方案的优点在于适用于多种数据融合方式，如求均值、最大和最小值等，但也存在以下缺点：（1）为了实现加解密，相邻融合节点之间需要建立共享密钥，在密钥预分配过程存在安全隐患；（2）点到点的安全数据融合协议需要在融合节点解密子节点数据，无法保证子节点数据的隐私性；（3）逐跳加解密方式增加了能耗和数据传输的延迟。

为了解决上述问题，端到端的 WSNs 安全数据融合协议被提出，该类协议可以直接对密文进行融合计算，提供端到端的数据机密性服务，同时可以减少由于点到点加解密导致的能耗和传输延迟。但是，端到端安全数据融合协议通常缺乏数据完整性保护机制。

下面首先对 WSNs 数据融合完整性保护方案进行分类，如图 4-1 所示，然后对这些方案的性能进行了分析和比较。

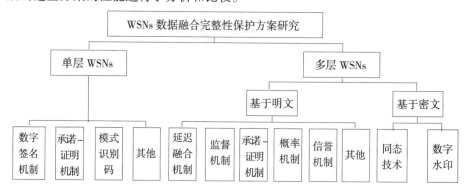

图 4-1　WSNs 数据融合完整性保护方案分类

三、单层 WSNs 数据融合完整性保护方案研究

Przydatek 等人首次研究了 WSNs 中的安全信息融合技术，通过构造有效的随机采样机制和交互式证明，提出了"融合—承诺—验证"框架设计安全数据融合协议，利用构建的 Merkle hash 树检测数据的正确性。当融合节点或多个传感器节点被俘获时，该协议仍能安全计算中值、最大（小）值、计数和均值等融合函数，并且能让用户验证融合结果是否接近于真实值。

Du 等人采用节点监视的方法保证融合节点传输到 BS 数据的正确性。首先，在融合节点附近设置多个监督节点，监督节点与融合节点一样接收子节点的数据并且进行融合操作，不同的是，监督节点只发送融合结果的信息认证码（Message Authentication Code，MAC）给 BS；BS 接收到融合结果后，将融合结果与监督节点上传的 MAC 值进行比较；最后采用投票策略决定是否接收融合值。为了减少能量消耗，笔者分析和计算了获得预定安全级别所需要的最小 MAC 长度，并且研究了拒绝无效数据的开销。虽然该方案具有较好的安全性和攻击弹性，并且适用于多种融合操作，但是该算法对网络拓扑限制较大，不适用于多层和随机部署的网络结构。另外，该算法通过设置监督节点，不但浪费了节点资源，而且增大了数据泄露的可能和攻击威胁。

Wagner 等人研究了在存在恶意节点的情况下进行弹性融合操作的数学理论和方法，讨论了如何测量和限制恶意节点对最终融合结果的影响，并提出了评估不同融合操作安全性的数学框架。

Buttyan 等人提出了一种具有攻击弹性的融合方法，融合节点在进行融合操作之前先分析所接收的传感数据，再使用统计学的方法判断是否存在恶意攻击的行为。随后在文献中提出了一种过滤异常值的算法 RANBAR，该算法可以在融合操作前从一组样品中过滤出异常值，保证了在大量节点被俘获的情况下融合节点的计算结果失真较小。

Mahimkar 等人提出一种安全数据融合及验证协议 Secure DAV，该协议首先为每个簇分配一个簇密钥，簇内节点共享簇密钥，然后簇头将融合结果在簇内广播，簇内节点利用共享的簇密钥对认证通过的结果进行签名，并将签名发送给簇头节点，最后簇头将各签名联合后随同融合结果一起发送给 BS，BS 利用公钥对签名进行验证，保证融合结果真实可靠。即使簇头或部分（不超过 t 个）簇内节点被俘获，该算法仍能通过 Merkle hash 树对数据进行完整性检验，但该算法只适合求均值融合操作。

Cam 等人在基于簇的 WSNs 场景下提出了一种能量有效的基于模式识别

码的安全数据融合协议 ESPDA。模式码是从真实数据中抽取的能表示真实数据特征的数据项。ESPDA 使用模式码阻止各传感器节点发送冗余的原始数据进行数据融合，从而达到节省网络能量和带宽的目的。具体步骤是：首先，传感器节点根据原始数据生成模式码并将其发送至簇头；其次，簇头比较这些模式码，并要求具有相同模式码的不同传感器节点只需要传送其中一份原始数据及其 MAC 值到簇头，簇头接收到这些数据后不需要解密数据，而是先将自己的 ID 插入数据中，再将这些数据直接转发到上级簇头或 BS；最后，由 BS 重新计算各节点的 MAC 值，判断其与接收的 MAC 值是否一致，进行数据完整性验证。ESPDA 还使用了 NOVSF Block-Hopping 技术提高了数据通信的安全性。另外，由于簇头不需要为了融合数据而解密数据，因此不需要广播密钥，保证了网络端到端的安全性。

四、多层 WSNs 数据融合完整性保护方案研究

基于明文的安全数据融合要求邻居节点间共享对称密钥，一般采取点到点的加解密方式，即融合节点先对所有接收到的数据包进行解密，然后通过相应的融合函数进行融合操作，再将融合结果加密后传输至上级融合节点。

（一）基于延迟融合的数据完整性保护方案

Hu 等人首次针对多层 WSNs 数据融合完整性保护问题提出一种安全数据融合方案 SDA，该方案采取延迟融合和延迟认证的方法，不但能防止没有获取合法密钥的外部节点对数据融合操作进行攻击，而且能保证即使攻击者通过单个被俘获的融合节点获取了密钥，也不能欺骗 BS 或中间节点接受非法数据。该方案中的融合节点在收到子节点的数据后，对子节点的数据进行融合操作，然后利用轮密钥计算其 MAC 值，与其他算法不同的是，中间融合节点不直接上传融合结果，而是转发先前计算的数据融合结果 MAC 值、各子节点的数据融合值（若子节点为叶节点则是自身感知数据值）及其 MAC 值到上层中间节点，如图 4-2 所示。BS 收到所有子节点的数据后，首先计算最终的数据融合结果，然后采取回溯验证的方法向网内广播节点密钥，每个节点得到自己的子节点及两跳子节点的密钥后对上轮接收的数据进行完整性验证。由于未公开子节点密钥时，恶意节点无法伪造正确的 MAC 值，所以也无法伪造或篡改数据融合结果。但该方案存在如下问题：

（1）延迟融合会导致传输开销增加，并造成网络能量消耗不均衡；

（2）该方案只适合一个节点被俘获的情况，若一个父节点和一个子节点同时被俘获，则该方案失效。

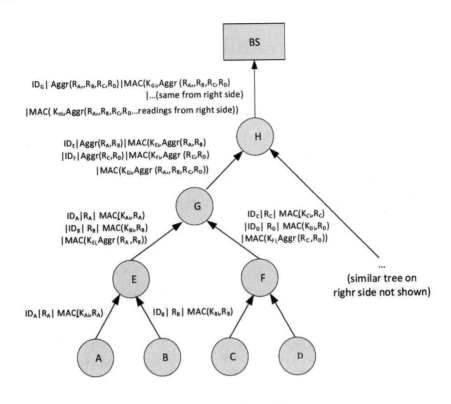

图 4-2　SDA 协议示例

Bagaa 等人在 SDA 的基础上进行了改进，采用了两跳节点认证机制保护数据完整性，取代了由 BS 使用 μTesla 广播密钥的方法，避免了盲目丢弃传感数据，也避免了错误数据的无效传输，从而减少了通信开销和认证延时，提高了检验效率，但没有解决合谋攻击问题。

（二）基于监督机制的数据完整性保护方案

Gao 等人在文献思想的基础上进行改进，将监督机制引入多层网络结构中。首先，该协议将网络中节点分成若干个簇，再将每个簇头组织起来，形成一棵以 BS 为根节点的树，即树中的每个节点代表一个簇，每个簇选举两个节点作为簇头（红头和黑头）；然后，红头和黑头执行相同的簇内融合操作，黑头上传融合结果及其 MAC 值，红头只上传融合结果的 MAC 值，父节点接收到子节点数据后，检测融合结果与两个 MAC 值是否匹配，若不匹配则发送警报信息，BS 接收到警报后可以选择拒绝融合结果或要求重新查询。虽然该算法比文献具有更好的适应性，但需要冗余的节点进行监督，并且对网络结构有特定的要求，应用范围受限。

Ozdemir 等人提出了一种安全可靠的数据融合协议 SELDA，该协议通过观察邻居节点的行为为邻居节点和环境建立信任级别。首先，传感器节点通过监视机制测量邻居节点的可用性以及异常行为，并且使用 Beta 分布函数将这些异常行为量化为信任级别。其次，各节点与邻居节点交换信任级别从而构建出一个信任网，节点通过信任网确定一条将数据传送到融合节点的安全可靠的路径。为了提高融合数据的可靠性，融合节点通过信任网络对接收的数据进行加权处理。Ozdemir 等人对 SELDA 的思想进行了提升，提出了功能信誉的概念，每个功能信誉值由传感节点在特定功能上表现的行为计算出来。因此，通过融合功能信誉值选择可信数据融合节点，通过感知功能信誉值对数据进行加权，通过路由功能信誉值选择可靠的路由进行数据传输可以保证数据融合的安全性。

随后，Ozdemir 等人又提出一种数据融合认证协议（DAA），该协议能同时对融合时的明文和传输时的密文进行错误数据检测，并能在 T 个传感器节点被俘获时进行安全数据融合。DAA 首先在每个融合节点的邻居中随机选择 T 个节点作为监视节点，这些监视节点也执行数据融合操作，并且计算融合结果的 subMAC 值；然后在融合树中选择 $2T+1$ 个配对节点，其中一对由当前融合节点和相邻后继融合节点（AA-type pair）组成，T 对由当前融合节点的监视节点和相邻后继节点的邻居节点（MN-type pair）组成，另外 T 对由当前融合节点的监视节点和融合节点的传输节点（MF-type pair）组成，配对节点共享唯一的对称密钥以便进行数据认证；每个融合节点和它的监视节点对认证后的数据进行融合，并根据融合结果的明文和密文分别计算两个 sub MAC 值，融合节点再将收到的 sub MAC 值构造为两个 FMAC 值，最后连同加密的融合值一起发送给传输节点。加密数据的完整性由当前融合节点的 MF-type pair 中的传输节点认证，明文数据的完整性由 MN-type pair 中的相邻后继节点的邻居节点认证，如果某一数据完整性检测失败，则将被立即丢弃，避免传输能量消耗。但是，DAA 仍存在很多限制：

（1）T 值与地理条件、节点部署模式、节点传输范围及网络节点密度等因素密切相关，不能保证在两个融合节点间一定有 T 个节点；

（2）非相邻节点间建立对密钥的时间大于相邻节点，给俘获节点攻击带来了机会；

（3）组通信方案容易让被俘获节点获取组密钥，导致机密数据泄露。

Wu 等人提出了一种安全融合树（secure aggregation tree，SAT）用于探测和阻止被俘获节点篡改融合数据的行为，该方法在所有节点可信的前提下不需要任何加密操作，利用融合树的拓扑约束探测欺骗行为，即每个节点能监听到发送给其父节点的所有消息，也能监视父节点发给祖父节点的消息，从而判断父节点是否正确执行了数据融合。如果一个节点的父节点发送的数据与正确的融合值相差很大，则该节点将发送警报，为避免由于包丢失和时间异步导致的错误警报，最后采用加权表决的方法确定恶意节点，并使用局部恢复机制避免使用恶意节点。

Pietro 等人提出了能同时保护数据机密性和完整性的数据融合机制，并且对节点失效具有弹性。该机制使用了同级监督和延迟融合方法保护数据的完整性，利用加性同态加密算法和轻量级密钥分配技术保证了数据的机密性。

Bekara、Vu、He 及 Li 等人分别提出了基于子节点监督的安全数据融合方案。文献要求簇内每个节点只有一跳通信距离，并且可以接收簇内其他节点的消息。首先，每个簇内节点和簇头节点一样计算融合结果，再将其与 BS 共享的密钥计算出结果的 MAC 值；然后，将它们发送给簇头，簇头节点将与自身融合结果一致的子节点 MAC 值进行异或运算，同时记录了结果不同的和没收到数据的子节点 ID，将它们发送至 BS；最后，BS 计算出结果的 MAC 值，并将其进行异或运算后与簇头上传的值进行比较，以保证数据的完整性。文献则要求簇头节点将融合结果在簇内广播，簇内节点将其与自身数据比较，如果一致则给簇头送签名，只有当 BS 收到不少于 $t+1$ 个签名时，才接收最终的融合结果。文献在 CPDA 方案的基础上进行了扩展，要求每个簇中的节点对簇头接收的下级融合结果和簇头上传的本簇融合结果进行监督，如果发现异常，则将此异常直接向 BS 报告。

Labraoui 等人提出一种反应型自适应监测的安全数据融合方案 RAMA，该方案使用两级监视节点保证了融合结果的完整性和精确性。首先，RAMA 为每个簇选择一个高信誉的节点作为第一级监视节点，负责监视簇头的行为；然后，选择簇内其他节点作为第二级节点，负责监视第一级节点和簇头节点的行为。为了提高效率，方案在第二级节点中选择一个管理节点，负责管理第二级监视任务。每个监视节点都参与融合操作，但只有在发现被监视的节点数据精度有误的情况下才会向 BS 发出错误警报和融合值。为了防止错误数据注入攻击，RAMA 还在簇头进行融合操作前采用异常检测算法过滤异常的数据。但该方案要求每个传感节点都计算融合数据，增加了计算量。另外，在无人值守的环境下，如何对监视节点进行有效的管理也是制约该方案广泛应用的主要问题之一。

Zhou 等人通过结合分片聚集、延迟融合和子节点监视等技术，提出了一种能有效保护数据完整性和隐私的融合算法 IPPDA。算法首先通过分片聚集技术保护数据的隐私，然后通过延迟融合和子节点监视的方法，实现数据完整性检测功能，最后通过监视节点的位置定位被俘获节点。但是该方案采用的分片和监视机制增加了网络的通信量。

（三）基于承诺—证明的数据完整性保护方案

Chan 等人在 Przydatek 等人提出的融合—承诺—证明框架的基础上进行扩展，考虑存在多个恶意节点和任意网络拓扑结构的情况，提出了一种可证明安全的多层内网数据融合算法。该算法在融合过程中基于融合树构建一个逻辑承诺树，融合过程结束后由 BS 向各传感器节点发送融合结果和认证请求，各叶节点接收离线（off-path）节点的数据后即可验证自身数据是否添加到融合结果中。如果认证通过，叶节点则通过融合树上传鉴别码至 BS，为了减少通信量，鉴别码在上传过程中执行异或融合操作，当 BS 接收了所有的鉴别码后表明结果验证通过，接收融合值。该算法的特点是在融合过程中采取延迟融合的方法平衡逻辑承诺树，减少了验证阶段的认证开销，节点负载为 $O(\triangle \log^2 n)$（$\triangle$ 为融合树的度）。

Frikken 等人在文献的基础上进行了改进，在部分节点中缓存传感数据、融合结果和数据承诺，以便在融合过程结束后执行交互式结果验证，还引入一些假逻辑节点重构逻辑承诺树，防止了聚集在融合树中的节点被分散在逻辑承诺结构中，从而将节点最大通信量由 $O(\triangle \log^2 n)$ 减少至 $O(\triangle \log n)$。但以上协议只考虑了每个节点和每条链路的通信负载量，未考虑由于认证而导致的网络延迟大、节点计算量大以及对数据丢失、节点失效敏感等问题。

Yang 等人提出了一种应用于多种融合函数的通用安全数据融合协议（SDAP），SDAP 考虑到由于高层节点的融合数据来自大量低级节点，所以高层节点的安全性比低层节点更为重要，如果一个接近 BS 的融合节点被俘获，则会对 BS 接收的融合值产生较大影响。因此，SDAP 采用了分而治之（divide-and-conquer）和承诺—证明（commit-and-attest）的原则解决此问题，如图 4-3 所示。首先，SDAP 使用概率分组技术动态地将逻辑树中的节点分为大小相似的几个逻辑组，降低高层节点的安全风险，每个逻辑组使用基于承诺（commitment-based）的逐跳融合操作生成组融合值；其次，BS 根据各组的融合值采用格鲁布斯检验法识别出可疑组，每个可疑组根据概率生成证明路径，重新计算融合值；最后，由 BS 将重新生成的融合值及其 MAC 值与先前接收的值进行对比，只有当数据一致时，BS 才予以接收。虽然 SDAP 具有数据完整性保护和数据源认证功能，但是与其他基于树结构的融合协议一样，该协议对数据丢失和节点失效敏感。

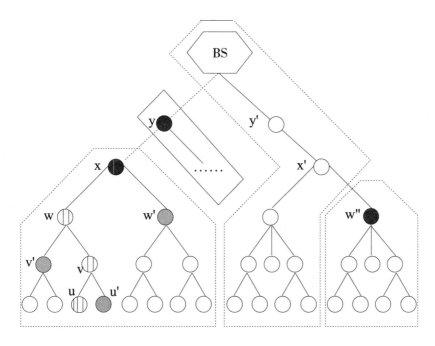

图 4-3　SDAP 中融合树的实例

（四）基于概率的数据完整性保护方案

Considine 和 Nath 等人设计了一种基于摘要扩散（synopsis diffusion）的融合框架，该框架采用了环拓扑结构的多层数据融合算法，即一个节点可以有多个父节点，从而克服了树结构中由于通信拥塞或数据碰撞而导致的传输失败问题。在查询分发阶段，节点根据其与 BS 地跳数围绕 BS 节点形成一组环。在融合阶段，最外层环中的节点产生并广播自身的摘要 SG（v）[SG（v）为摘要生成函数，v 为与查询相关的传感值]。当环 T_i 中的节点在其通信范围内接收到环 T_{i+1} 中节点的广播数据后，将该数据与自身数据使用摘要聚合函数 SF 进行聚合，然后将聚合结果再次广播，直到其到达 BS 节点。最后由 BS 节点利用摘要估算函数 SE 将最后的摘要转换成查询结果。近年来，已有基于摘要和单向链的方案用于解决安全外包融合问题，但这些方案不适合 WSNs。

面向 WSNs，Garofalakis 等在摘要扩散方法的基础上设计了一种可认证的数据融合算法求解计数和求和查询。为了验证摘要融合结果，BS 只需要接收摘要中每个二进制位的一个 MAC，即使这一位由多个节点贡献。因此，为了进行数据验证，每个节点只需要为摘要中每一位传输一个 MAC，由于每个摘要的长度为 O（log$S$）（S 为计数或求和值的上限），则每个节点的通信开销为 O（log$S$）。

Roy 等人在文献的基础上，提出了一种具有攻击弹性的多层 WSNs 数据融合算法。该算法定义摘要融合结果上下界间的二进制位为摘要边，贡献摘要边的每个节点除了发送摘要，还要发送其 MAC 值，以便让 BS 对摘要边中的值进行认证。为了减少通信量，Roy 等人还提出了基于滑动窗口的扩展方法进行分阶段数据融合认证，但增加了融合延时。随后，Roy 等人又提出了一种轻量级验证算法，采用摘要扩散方法处理 WSNs 中对复制敏感的数据融合问题（计数和求和），该算法不需要 BS 接收每个节点的认证消息，只需要接收摘要中最右边 K 个值为"1"的二进制位的 MAC 值，进一步减少了通信开销，无论网络规模多大，该验证算法中每个节点的通信开销为 O（1）。以上算法仅可以验证融合结果是否正确，然而，当被俘获节点篡改子融合数据时，BS 无法估算正确结果。针对此问题，Roy 等人提出了一种可以过滤攻击者影响的 WSNs 安全数据融合方案，在出现恶意攻击时，BS 仍然可以正确地计算融合结果。尽管基于概率的数据融合完整性保护方案极大地减少了数据通信量，但其是以牺牲融合结果精确度为代价换取的，不适合应用于对融合精度要求较高的场景。

第二节　多传感器数据融合的层次及其算法

一、数据融合的层次（级别）

融合的层次性是指多传感器提供的信息在什么阶段进行融合。对具体的融合系统而言，它所接收到的信息可以是单一层次上的信息，也可以是几个层次上的信息。融合的基本策略就是先对同一层次上的信息进行融合，然后再汇入更高的融合层次进行融合。因此总的来说，数据融合本质上是一个由低至高对多源信息进行整合和逐层抽象的信息处理过程。但在某些情况下，高层信息对低层信息的融合要起反馈控制作用，亦即高层信息有时也参与低层信息的融合。在一些特殊应用场合，也可先进行高层信息的融合。数据融合的层次化结构，如图 4-4 所示。

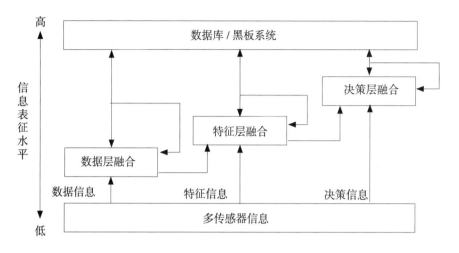

图 4-4　数据融合的层次化结构

层次也相应分为三类：数据层融合，特征层融合和决策层融合。这三个融合层次各自完成的具体任务分别如图 4-4~ 图 4-7 所示。

（一）数据层融合

数据层融合是指直接将各传感器的原始数据进行关联后，送入融合中心，完成对被测对象的综合评价。数据层融合是传感器水平上的融合，其优点是保持了尽可能多的原始信息，缺点是处理的信息量过大、速度慢、实时性差。并且，当传感器的输出数据类型一致时，难以找到合适的方法对原始数据所包含的特征进行一致性检验，所以数据层融合具有很大的盲目性，所以通常只是用于数据间配准精度较高的图像处理。图 4-4 说明了数据层融合的基本内容。

（二）特征层融合

特征层融合可划分为两大类：一类是目标状态信息融合，另一类是目标特性融合。

目标状态融合主要应用于多传感器目标跟踪领域。图 4-5 说明了特征层目标状态信息融合的基本内容。

特征层目标特性融合就是特征层联合识别，它实质上是模式识别问题。具体的特征层融合是指把原始数据先进行特征提取，再进行数据关联和归一化处理，然后送入融合中心进行分析与综合，完成对被测对象的综合评价。图 4-6 说明了特征层目标特性融合的基本内容。

特征层融合属于信息的中间层次融合，其优点是既保留了足够数量的原始信息，又实现了一定的数据压缩，有利于实时处理。并且，在特征提取方面有许多成果可以借鉴，所以特征层融合是目前应用较多的一种方法。但是，该技术在复杂环境中的稳定性和系统的容错性与可靠性还有待改善。

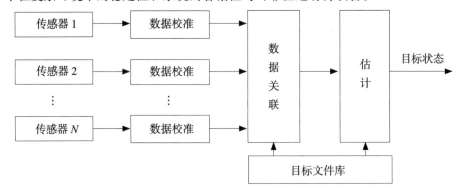

图 4-5　特征层目标状态信息融合

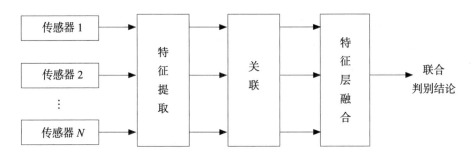

图 4-6　特征层目标特性融合

（三）决策层融合

图 4-7 说明了决策层融合的基本概念。多个传感器观测同一个目标，每个传感器在本地完成处理，其中包括预处理、特征抽取、识别或判决，从而得出对所观测目标的初步结论。然后通过关联处理、决策层融合判决，最终获得联合推断结果。决策层融合输出是一个联合决策结果，在理论上这个联合决策应比任何单传感器决策更精确或更明确。

决策层融合是数据融合中的高级融合，其优点是数据传输量小、实时性好，可以处理非同步信息，能有效地融合不同类型的信息，对单个传感器故障具有更高的鲁棒性，因为即使一个或几个子系统故障而没有给出决策，其他的子系统仍能给出最终的决策，只是可靠性可能会降低。并且，在一个或者几个传感器失效时，系统仍然能够继续工作，具有很好的容错性，系统的可靠性高。因此，决策层融合技术已经比其他层次上的融合技术成熟，目前有关信息融合的大量研究成果都是在决策层上取得的，构成了信息融合研究的一个热点。但是，这种融合方法也有不足的地方，如原始信息损失较大、环境和目标的时变动态特性、先验知识获取的困难、知识库的巨量特性、面向对象的系统设计要求等，从而使得这种方法难以得到实用。

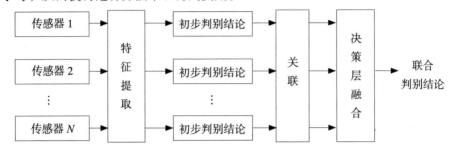

图4-7　决策层融合的基本概念

总的来说，融合的信息越接近信息源，获得的精度就越高。因此，数据层融合潜在地比特征层融合更精确，而特征层融合潜在地比决策层融合更精确。然而，选用数据融合的层次和级别需要考虑系统实现的可能性、数据传输的负荷，实际中选择何种融合方式应就具体问题而定。表4-1是三个融合层次优缺点的比较。

表4-1　三个融合层次优缺点的比较

优缺点	数据层融合	特征层融合	决策层融合
处理信息量	最大	中等	最小
信息量损失	最小	中等	最大
抗干扰性能	最差	中等	最好
容错性能	最差	中等	最好
算法难度	最难	中等	最易
融合前处理	最小	中等	最大
融合性能	最好	中等	最差
对传感器的依赖程度	最大	中等	最小

二、数据融合的算法

在多传感器数据融合技术中，一个关键的问题是数据融合算法。数据融合的一个重要任务就是对物体特征的判断。物体特征的判断比物体位置的判断会遇到更多的困难，因为特征比位置具有更广的概念，并且涉及更多的变量，这样就给多传感器数据融合提出了更多的任务，需要研究大量的算法。通常将现有的多传感器数据融合算法分为三类，图4-8为多传感器数据融合算法的分类。

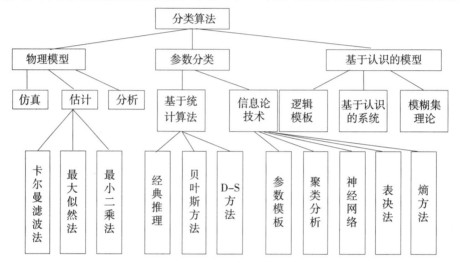

图4-8 多传感器数据融合算法的分类

物理模型法是借助于所建立的模型数据与实际的数据比较，从而精确地建立可观察的或可计算的数据，达到对物体的识别。这一方法中的技术有仿真、估计和分析方法。尽管这种方法在理论上是可行的，但很少在实际的系统中被应用，因为计算量等方面实现起来很困难。这种方法能够从传感器数据中研究出目标句法的可描述性成分。因此，它主要被应用在基础研究中。

参数分类法寻找一个识别、判断建立在参数的基础上的方法，它不利用物理模型。我们可以进一步把它分成基于统计的算法和信息技术。前者包括经典推理、贝叶斯方法和D-S法，这些方法利用观察处理中的先验知识来推断目标种类；后者包括参数模板、聚类分析、自适应神经网络、表决法、熵方法，这种方法不是建立在统计的基础上，而是利用参数与识别结果之间的变换和映射。

经典推理法描述的是被观测值与识别相联系的数据的概率，给出了目标存在的一个假设。这种方法利用了采样分布，提供了一个决策误差概率的测度。

缺点是：需要先验知识；只能估计两种假设，即目标的有和无；由于使用了多变量数据，复杂性增加；不具备先验似然估计的优点。

贝叶斯方法解决了一些经典推理方法不能解决的问题，更新了先前所给假设的似然函数。它用概率来表示每种假设的置信度，这些假设必须是互斥的和有穷的，且所有假设的概率值之和为1。贝叶斯方法要求对每个假设都分配一个概率，特别对所有未知的假设分配一个相同的概率，因此贝叶斯方法不能区分"未知"和"等概率"这两种不同的概念，这也许是贝叶斯方法最大的缺陷。在这一点上，D–S证据理论做了重大推广。D–S方法是Dempster和Shafer推广了贝叶斯理论得到的。D–S理论中，采用概率空间来描述假设的似然度，用不确定区间来表示由于未知信息或信息不全造成的不确定性，D–S方法能够在一定程度上避免贝叶斯方法的缺陷。

参数模板法与逻辑模板法相类似，即将一个预先预定的模式（或模板）与观测数据进行匹配，确定条件是否满足，从而进行推理。自20世纪70年代中期以来，模板法已成功地应用于数据融合系统，基本的模板算法能够用来进行多传感器的观测数据与预先规定的条件匹配，以确定这个观测是否提供了一个识别某个实体的证据，输出是关于观测是否匹配于一个预定模型的说明，这个输出也可以包含与模板匹配处理所表示出的对象练习的置倍水平或概率。

聚类分析法曾被认为是数据融合中一种应用上有吸引力的方法，特别是在模式的数目不精确的情况下，常常需要用启发式或者交互式的方式来选择某些聚类的参数。尽管聚类分析法在数据融合中很有用，但由于聚类算法的启发式的特点，造成应用上存在潜在的偏差。

自适应神经网络法是仿效生物神经系统的信息处理方法，它通过许多互相紧密连接的多层简单计算单元组成的网络来实现聚类分析法所进行的目标分类。它是一种完全不同于传统的机遇统计基础的数据融合理论。大量的实验表明，基于神经网络的数据融合方法优于传统的数据融合分类法，但是这种算法还有许多基础工作有待解决，如网络结构的设计、训练策略的研究、如何与传统融合方法进行结合等问题。

表决法在理论上是最简单的方法，在处理过程中，每个传感器的判断被看作民主选举中的一票，最终的结果可看作各个传感器表决的综合，利用合适的规则，如多数规则，可以达到对目标分类的目的。表决法有时很有价值，特别是对于需要实时处理而又没有准确的先验知识可以利用的情况下。

熵方法根据事件发生的概率，反映了信息量。它的原理是经常发生的事情熵最小，而不经常发生的事情熵最大。熵方法用于传感器数据融合过程中，就是要做出使熵最大的结论。

　　基于认识的模型法是要模仿人识别目标的推理过程，这种方法中的技术有逻辑模板、基于认识的系统、模糊集理论。基于认识的系统的数据融合方法主要是知识库系统或专家系统。专家系统或知识库系统包括四个方面：（1）包含事件、算法和启发式规则的知识库；（2）包含动态数据的全部数据；（3）控制机构和推理机构；（4）人机界面。基于认识的系统的数据融合系统有以下几个优点：（1）能模拟专业分析人员的行为；（2）使用符号表示、符号推理、启发式搜索；（3）使用解释特性；（4）归档保存专业知识；（5）具有间接训练功能。它的缺点是：（1）构成复杂困难；（2）常需要专门的计算设备；（3）需要专门的开发人员；（4）不容易实现实时性；（5）需要复杂的管理技术。由于这种方法具有以上缺点，所以应用起来就遇到了一定的困难，但在实现较高水平的推理时，不失为一种有前途的方法。

　　模糊推理理论是由 L.A.Zadeh 提出的，它通过模糊命题的表示，用综合规则建立起演绎推理，并在推理中使用模糊概率，建立了模糊逻辑。目前用于支持模糊推理的商业软件已经开始出现，模糊集理论用于数据融合的方法仍在研究中，还有许多工作要做。例如，定义现实世界中的隶属函数，以及对模糊推理与使用概率、证据区间或置信区间等方法进行比较。

　　下面介绍重点经典推理法和贝叶斯推理法。

（一）经典推理法

　　经典推理法中经常采用的是二值假设检验，它是在已知先验概率的条件下对事件存在与否进行判别。假定：

　　（1）H_0 表示观测数据不是身份为 N 引起的事件，有概率密度函数 $f(x/H_0)$；

　　（2）H_1 表示观测数据是身份为 N 引起的事件，有概率密度函数 $f(x/H_1)$。

　　于是就存在四种可能结果：

$$\begin{cases} p_d = \int_T^\infty f(x/H_1)\mathrm{d}x \\ \beta = \int_0^T f(x/H_1)\mathrm{d}x \\ \alpha = p_f = \int_T^\infty f(x/H_0)\mathrm{d}x \\ p_2 = \int_0^T f(x/H_0)\mathrm{d}x \end{cases} \quad (4-1)$$

式中，T——识别门限；

　　p_f——有身份为 N 的目标存在的情况下，正确识别目标的概率，称为识别概率，在信号检测中称为发现概率；

β——有身份为 N 的目标存在的情况下，没有识别出目标的概率，称为识别概率；

α——没有身份为 N 的目标存在的情况下，识别出有身份为 N 的目标的概率，显然，它是错误识别概率，在信号检测中就称作虚警概率；

p_2——没有身份为 N 的目标存在的情况下，正确识别没有身份为 N 的目标存在的概率。

（二）贝叶斯推理法

Bayes 推理的名称来源于英国牧师 Thoms Bayes。他于 1760 年去世，而由他撰写的一篇论文一直到 1763 年才被发表，其中包含的一个公式就是今天众所周知的 Bayes 定理。Bayes 定理解决了使用经典推理法感到困难的一些问题。Bayes 定理的内容如下。

假设 $H_1, H_2, ..., H_n$ 表示 n 个互不相容的完备事件，在事件 E 出现的情况下，$H_i(i = 1, 2, ..., n)$ 出现的概率为

$$P(H_i|E) = \frac{P(E|H_i)P(H_i)}{\sum_j P(E|H_j)P(H_j)} \qquad (4\text{-}2)$$

并且

$$\sum_i P(H_i) = 1 \qquad (4\text{-}3)$$

式中，$P(H_i|E)$——给出证据的条件下，假设 H_i 为真的后验概率；

$P(H_i)$——假设 H_i 为真的先验概率；

$P(E|H_i)$——给定 H_i 为真的条件下，证据 E 为真的概率。

实际上，

$$\sum_{j=1}^{n} P(E|H_j)P(H_j) = P(E) \qquad (4\text{-}4)$$

是证据 E 的先验概率。

Bayes 结果之所以比经典推理方法好，是因为它能够在给出证据的情况下直接确定假设为真的概率，同时容许使用假设确实为真的似然性的先验知识，允许使用主观概率作为假设的先验概率和给出假设条件下的证据概率。

它不需要概率密度函数的先验知识，使我们能够迅速地实现 Bayes 推理运算。

图 4-9 为应用 Bayes 公式进行身份识别的处理过程。

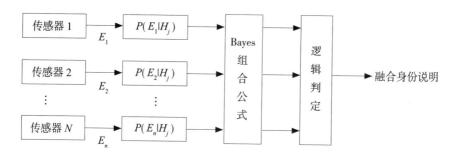

图 4-9　Bayes 融合处理过程

图 4-9 中，$E_i(i=1,2,...,n)$ 为 n 个传感器所给出的证据或身份假设，$H_j(j=1,2,...,m)$ 是可能的 m 个目标。假设 n 个传感器同时对一个未知实体或目标进行观测，所获得的信息包括 RCS、PRI、PW、IR 频谱等数据。于是就可以得到融合步骤：

（1）每个传感器把观测空间的数据转换为身份报告，输出一个未知实体的证据或身份假设 $E_i, i=1,12,...,n$；

（2）对每个假设计算概率 $P(E_l/H_j)(i=1,2,\cdots,n;j=1,2,\cdots,m)$；

（3）利用 Bayes 公式计算

$$P(H_j|\ E_1,\cdots,E_n)=\frac{P(E_1,\cdots,E_n|\ H_j)P(H_j)}{P(E_1,\cdots,E_n)} \qquad （4-5）$$

（4）应用判断逻辑进行决策，其准则为选取 $P(H_j|\ E_1,E_2,\cdots,E_n)$ 的极大值作为输出，这就是所谓的极大后验概率（MAP）判定准则

$$P(O_j)=\max_{\substack{1\in k,m \\ n}}\{P(O_i)\} \qquad （4-6）$$

Bayes 推理的主要缺点是定义先验似然函数困难，当存在多个可能假设时，会变得很复杂。

第三节　物联网环境中情境融合及其服务提供框架

一、闭环功能模型

多传感器数据融合不仅是一个信息处理的理论概念，还是一个系统概念。无论是单层融合还是多层融合，多传感器数据融合系统都必须具有以下主要功能模块。

（一）传感器信息的协调管理

用于将多传感器信息统一在一个共同的时空参考系，把同一层次各类信息转化成同一种表达形式，即实现数据配准。然后把各传感器对相同目标或环境的观测信息进行关联，一般称为信息关联，在目标跟踪领域也把它称为数据关联。

（二）多传感器信息优化合成

依据一定的优化准则，在各层次上合成多元信息。

（三）多传感器协调管理

多传感器协调管理包括传感器的有效性确定、事件预测、传感器的任务分配和排序、传感器工作模式和探测区域的控制等功能。

最具权威性的数据融合系统的一般功能模型是 DFS [美国三军政府组织——实验室理事联席会（JDL）下面的 C^3 技术委员会（TPC^3）数据融合专家组] 提出的功能模型。

上述这些功能模塑可用统一的简化模塑来表示，如图 4-10 所示。

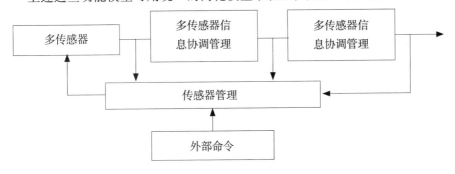

图 4-10　数据融合系统闭环功能模型

多传感器信息融合一方面强调对传感器信息的优化组合；另一方面也十分重视对传感器的优化管理，以获得所探测对象的最充分信息，从而达到对传感器资源的最佳利用和总体上的系统最优性能。

二、开环功能模型

与闭环功能模塑相比较，该模型更具体地展示了数据融合系统中应具有的功能模块，但在该功能模型描述的数据融合系统中缺少了传感器管理部分，致使该模塑没有形成闭环，如图 4-11 所示。

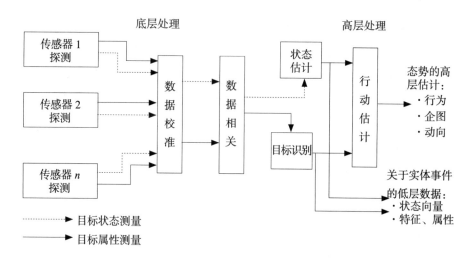

图 4-11　数据融合系统开环功能模型

在图 4-11 的模型中，数据融合系统的功能主要有校准、相关、识别、估计。其中，校准和相关是为识别和估计做准备的，实际融合在识别和估计中进行。该模型的融合功能分两步完成，对应于不同的信息抽象层次。第一步是低层处理，对应于像素级融合和特征级融合，输出的是状态、特征和属性等；第二步是高足处理（行为估计），对应的是决策级融合，输出的是语义形式的结果，如威胁、企图和目的等。

三、软件功能模型

软件功能模型是以功能模型为依据，从数据融合系统仿真软件设计的角度出发而提出的，如图 4-12 所示。

软件首先应进行单传感器数据处理，可用不同的时域和频域技术处理单传感器数据，包括滤波器、转换器及特征识别，以提取最多的可用信息。这部分软件应包括：传感器详细功能说明、数据处理功能、特征提取功能及识别功能。此处的识别功能是指确定单传感器所测得的物体的可识别属性。当获得处理过的传感器数据后，将对传感器信息进行融合处理。

这部分软件应包括三部分：关联、估计、识别。此处的识别是指确定所探测到的目标的身份或类型。在此基础上，将进行第二级处理和第三级处理——态势评估和威胁评估，对全局态势获得一个初步了解和掌握。采集管理模块的功能是接受其他功能模块发送来的控制信息，管理传感器以获得某一局部的更多信息。第四级处理模块的功能是评估数据融合系统的整体性能，给出具有参考价值的性能指标，也有学者将采集管理和过程评估系统称为第四级处理。该级处理的目的是使融合过程达到最佳化或自适应最优化。数据库管理模块的功能应包括信息存储、信息查询、信息史新和扩充等。人机接口的功能是：提供方便的人机交流通道。

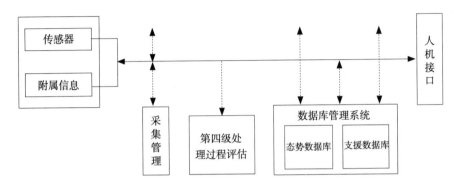

图 4-12　数据融合系统软件功能模型

第五章 机器视觉技术

　　视觉是指环境光作用于生物的视觉器官（如人眼），使其感受细胞兴奋，信息经加工后便产生视觉。与生物视觉不同，工业领域主要利用感光器件代替生物视觉神经系统实现对物体信息的加工，这便是机器视觉。如今，机器视觉除了能实现物体的图像化功能之外，还替代了人脑的一部分功能，实现图像的加工处理和信息提取，从而用于工业上的检测、测量和控制。在工业自动化领域，这种服务于自动化装备的机器视觉也被称为装卸机器视觉。

第一节　机器视觉概述

　　"视觉"一词首先是一个生物学概念，除了"光作用于生物的视觉器官"这个狭义概念外，其广义定义还包括了对视觉信号的处理与识别，即利用视觉神经系统和大脑中枢，通过视觉信号感知外界物体的大小、明暗、颜色、方位等抽象信息。对于动物，至少 80% 以上的外界信息是通过视觉系统获得的，可见视觉系统对动物的重要意义。

　　随着科学技术的发展，尤其是自动化技术、计算机科学与技术、模式识别等学科的发展，以及自主机器人、工业自动化、智能安全防护等应用领域的现实需求，赋予这些智能机器以人类视觉能力变得尤为重要，并由此形成了一门新的学科——机器视觉。

　　有很多学者对机器视觉进行了定义，德国慕尼黑工业大学教授 Steger Carsten 等人在其 *Machine Vision Algorithms and Applications* 一书中对此的定义是——机器视觉是面向过程控制及工业机器人的基于图像自动识别与分析的一种检测技术。这个定义提出了机器视觉首先是一种基于图像分析的检测技术，并且主要面向的是过程控制与工业机器人。但是，随着自动化和智能化研究的慢慢深入，机器视觉的应用突破了过程控制与工业机器人的范畴，机器视觉的信息源也不仅仅局限于图像一种，因此美国机械工程师协会（ASME）提出机器视觉的定义——机器视觉是使用光学器件进行非接触感知，自动获取和解释一个真实场景的图像，以获取信息和控制机器的过程。该定义将机器视觉拓展为一个过程，更贴近当前机器视觉系统的现状。

机器视觉是一个发展十分迅速的领域，其研究主要从 20 世纪 50 年代统计模式识别开始。从一开始对图像的点、线、边缘等基本信息的提取，发展到几何信息的分析。20 世纪 60 年代，科学家 Roberts 实现了通过计算机程序自主地获取数字图像信息中的立方体、棱柱等三维结构。20 世纪 70 年代，提取的图像信息已经从基本的几何信息慢慢增加了图像的明暗、纹理及多帧动态图像间等信息，并开始建立图像相关的数据结构与简单模式识别规则。Mackworth 等人基于这些图像信息开发出了针对图像几何形态识别的视觉系统。同时，20 世纪 70 年代，国际上的知名大学（如麻省理工学院），都逐渐开设机器视觉或者计算机视觉等相关的课程和研究项目，吸引了广大知名学者参与其中。其中一个里程碑的成果就是，形成了一个机器视觉的理论框架，直至今日绝大多数的机器视觉系统均是基于这个理论框架而设计的。这个理论框架由 Marr 教授在 1982 年提出。Marr 教授当时是麻省理工学院 AI 实验室的教授，同时也是心理学的兼职教授，他提出的框架系统地概括了心理学、神经学、生物视觉等方面的重要成果，并将其迁移到机器视觉理论研究中。

Marr 教授认为，机器视觉处理应当像人脑一样分为三个层次，分别如下。

（1）计算理论层次——图像计算的目的和策略。

（2）表示和算法层次——输入如何实现和表达上述的计算，其输入、输出是什么。

（3）硬件实现层次——如何在物理上实现上述两个层次。

Marr 教授的机器视觉理论框架是一个重大成就，虽然其理论存在一定的缺陷。例如，没有很好地与领域知识相结合，仅仅空洞地阐述了机器视觉本身的框架，但是其框架依旧是目前应用最为广泛的机器视觉系统框架。

2000 年以后，随着计算机硬件的发展和机器视觉相关理论研究的成熟，机器视觉成为自动化学科、计算机学科等相关学科的研究重点。

伴随着工业自动化的发展和完善，机器视觉在工业方面的应用也越来越广泛。利用机器视觉代替人眼来测量识别目标具有更加灵敏、精确、快速、抗噪等优点，且能够长时间工作于恶劣的环境中。在自动化工业领域，机器视觉主要应用在零件识别定位、产品检验、视觉导航、安全监控及各种危险场合工作的机器人等。一般情况下，一个典型自动化工业机器视觉系统主要包括图像采集、图像处理、模式识别三个部分。

图像采集主要通过图像采集设备将被测目标物体图像转化成能够被计算机处理的数字信号。图像采集系统由光源、摄像设备和图像采集卡构成。摄像部分主要采用 CCD、XMOS 等摄像机作为采集设备。在图像获取过程中，除了感光设备以外，光源也是必须考虑的。通常除了自然光源、辅助灯光以外，还包括激光雷达、超声波雷达等主动式图像采集设备发出的不可见光。物体通过光敏元件成像，将图像转化为电信号，便于计算机处理。现代工业主要使用 CCD、CMOS 等图像传感器来捕捉图像。甚至在某些工业自动化控制领域，会使用图像采集设备阵列（摄像机阵列、雷达阵列等），形成双目或多目视觉系统，获得深度图像信息。图像采集卡则能够将图像采样、量化以后转化为数字图像输入存储到存储设备中，同时提供数字 I/O 功能，是连接图像采集部分和图像处理部分的重要桥梁。例如，F. Lahajnar（2002）的电路板检测系统采用了两个长焦摄像机，能够快速精确地分拣次品；AFTvision 的双目视觉图像定位系统通过两台工业摄像机和两路高清图像采集卡同时获取图像，对芯片点焊位置精确定位。

在机器视觉系统中，图像采集实现了人眼"看"的功能，视觉信息的分析与处理则是通过图像处理部分来完成。在工业自动化实际过程中，图像采集后的数据交于后台工控机进行图像处理。图像处理主要包括图像增强、图像几何变换、图像分割、边缘提取及形态学处理等部分。图像增强一般包括图像的平滑、去噪等滤波内容，目的是增强图像感兴趣区域的特征，减弱不需要特征。图像几何变换是指通过数学方法来变换图像的位置、大小、形状等。例如，在实际场景中，拍摄位置不佳时会造成目标图像过大或过小，甚至发生畸变，因此需要几何变换来对图像进行缩小放大和仿射变换等处理。图像分割、边缘提取及形态学处理主要是对图像中感兴趣的目标建立客观描述，提取出目标的结构和边缘特征。例如，S.Trika（1994）等人利用零件各相邻面的信息提取出了多面体零件相关特征，汽车制造行业机器视觉也应用于车身轮廓、外形尺寸的检测等。经过这些处理后，图像质量在视觉上得到了很大的改善，感兴趣目标的特征更加明显，便于计算机的分析处理及后续的模式识别。

模式识别是指对观测事物所得到的具有时间和空间的分布信息分析处理，达到对事物描述、分类、辨认和解释的过程。在人们的日常生活中，模式识别时时刻刻伴随着我们，我们能够通过感官区别出桌椅，认出身边不同的人，分辨不同的声音，辨认不同气味，这些都是我们具备模式识别能力的体现。机器视觉的模式识别过程实际上是利用识别算法辨识图像场景中已经分割好的各个物体，并赋予相应的标记。模式识别的方法主要包括特征提取、数据分类和聚类。在工业自动化控制中，人们希望利用计算机代替人类完成对事物的辨识和分类，协助人类完成各种视觉任务，最终达到工业控制的目的。

机器视觉的应用研究几乎已经拓展到了每个自动化工业领域中，主要包括医学、工业制造、汽车、半导体电子等。在工业自动化生产中，涉及各种产品检测、零件识别等应用。例如在医疗行业，机器视觉技术的应用使得 CT 影像成为非常常用的医学检测手段，不仅方便了医学图像的存储，而且能够对数字化图像进行滤波、调整等，辅助医师的工作。在工业制造生产线上，飞利浦荧光灯灯管组装生产线上应用 SICK Inspector 视觉传感器能够解决每一个工序中产品的组装质量问题，包括检查端口是否破损、灯丝是否断丝、涂层合格与否等。机器视觉系统的应用不仅解决了人工检测疲劳度和主观性等无法完全保证质量的缺点，而且机器的高速定位检测大大提高了生产效率，降低了成本。在汽车的生产装配方面，未涂装的车身焊接过程中，通过 SICK DS50 中量程激光测距传感器可以判断不同工位之间的转换是否到位，也能够分辨到达工位的车型。在半导体行业，机器视觉系统已经在业内广泛应用，需要根据图像的查找来检测装配半导体电子元件的外观缺陷、尺寸、数量等。

第二节　机器视觉系统

现代工业的特点是劳动力贵，原材料成本高，要求安全可靠并且不污染环境。为了满足这些要求，许多工业国家都在努力开发更有效的生产技术。工业生产可分为大量生产、小批量生产和新产品试制三类。虽然大量生产早已实现自动化，但小批量生产还没有做到这一点。工业机器人的出现大大推动了工业自动化的发展，机器人的低级阶段是机械手。为了使它适应各种任务要求必须装备各种敏感器，主要是视觉和触觉敏感器。机器人的视觉系统是用数字图像分析技术实现的，所以工业数字图像分析系统也称为机器视觉系统。

工业数字图像分析（DIA）系统的任务可大致分为检查、处理和控制三类，简要说明如下。

外观检查：质量控制是工业自动化的重要课题。在许多操作中，工人进行了"隐含的检查"，如工人看一眼零件实际上就进行了初步检查。在大多数情况下，则需要更严格地检查零件质量。初步检查和严格检查都可以用 DIA 系统自动完成，DIA 系统在这一领域得到了广泛应用。

零件处理：从历史上看，对 DIA 系统的兴趣来自机器人的开发。第一代机器人是"瞎子"，但是人们很快认识到给机器人安上"眼睛"非常必要。DIA 系统的任务是对机器人进行控制，在零件传输、进料、卸料、装配当中对零件进行必要的判断分类和适当处理。尽管做了许多努力，但 DIA 系统在这一领域的应用还是相当初步的。

工具、机器和过程控制：这类应用开始更晚，但潜力很大。这方面的例子有工具控制（如螺丝刀的控制）、机器控制（如切割机控制）和过程控制（如焊接过程控制）。这类任务比较复杂，但随着 DIA 技术的发展势必会得到广泛应用。

有几个因素对 DIA 系统有重要影响，因而必须认真考虑，如各设备之间的几何关系、零件的次序、照明条件、摄像系统、信号处理及零件传输和处理的方式等。这些因素是相互制约的，为了提高性能价格比必须全面考虑。举例说，如果照明条件不好，那么就需要用功能较强的 DIA 系统来处理质量比较差的图像。

设备的几何关系主要是指摄像机、被测零件和照明装置之间的角度和距离。它们可以是固定的，也可以是可变的，如可以将摄像机安装在机械手上，随机械手一起运动。由于这种方案计算量大，所以如果可能最好还是使几何关系固定不变。

零件的次序很重要，必须给以足够注意。零件的排列越有次序，处理就越容易。最复杂的情况是零件杂乱无章地堆在一起，最简单的情况是每个零件都有固定的位置。在前一情况下，零件彼此重叠互相遮挡（如零件处于料箱中），目前还没有一个 DIA 系统能分析这样的景物；在后一情况下，实际上不需要任何 DIA 系统，实际任务都处于这两个极端之间。景物的复杂性决定了 DIA 系统的性能，从而决定了它的成本。要安排并保持零件的次序必须付出一定的代价。为了使零件互不重叠，需要相当完善的机械设备。如果要保持零件的次序就需要专门的零件柜，因而必须综合考虑机械设备和 DIA 系统的成本。

照明方案有背面光照和正面光照两类，后者又分为反射和漫反射两种。每一种方案都可以用稳定照明，也可以用闪光照明。如果要消除运动模糊就应采用闪光照明方案。背面光照仅能看到零件的轮廓，因而可直接得到二值图像。正面光照又有几种方式，漫射光源可以产生均匀的反射，因而便于进行图像分割。如果目的是检测零件表面的不平度，那么应采用反射方案。这时可以检测来自零件表面的反射光（亮场检测），也可以检测来自表面缺陷的反射光（暗场检测）。

成像系统有电真空摄像机和固体摄像机两类，固体摄像机又有线阵和面阵两种。电真空摄像机已经用了多年，并且达到了十分完善的程度。但是固体摄像机在大多数场合已经取得压倒优势。

DIA 系统的结构取决于处理速度、图像分辨率、图像形式（二值的还是灰度的）以及图像的复杂性。工业 DIA 系统应能实时工作。在此我们把"实时"这个概念理解为一个能跟随生产周期进行的图像分析过程。典型的处理时间从几百毫秒到几秒不等。如果要求更快的处理，则必须采用图像处理硬件来完成大部分图像处理和分析工作。如果要求速度不高，那么可以将图像存贮起来进行处理。在典型情况下，DIA 系统的输出是输入图像的定量描述，如图像中存在哪些物体？它们处于什么状态？它们的严格位置及特征参数等。

综上所述，要使一个工作现场自动化，必须全面考虑各个有关部分，才能得到最佳方案。提高某一部件的性能，有可能降低另一部件的成本。这就要求在系统设计中机械工程师与计算机专家的密切合作。

虽然不能简单规定什么是好的 DIA 系统，但是可以列出一些带普遍性的质量指标。

成本：包括设备成本和操作维护成本。DIA 系统成本与整个自动控制系统成本有关。通常，控制系统成本在 10 万 ~30 万美元，那么 DIA 系统成本应在 1 万~3.5 万美元。操作维护成本很低，可忽略不计。

可靠性：这是一项重要指标，因为 DIA 系统故障可能导致严重事故。应有故障诊断系统监视 DIA 的输出。

处理速度：速度要求取决于生产周期。典型的周期时间为 100ms~10s，因而 DIA 应能在这一时间内完成图像分析。如果要求实时处理 TV 图像，那么 DIA 的工作速度必须提高到每帧 20ms。

灵活性：在实际情况下，被检查、识别或定位的零件是经常改变的，这就要求 DIA 系统具有灵活性，要能适应不同任务的要求。

可操作性：由于 DIA 的工作环境是生产现场，因而它必须容易操作，不能要求操作员精通编程语言。应当能用菜单技术和面向问题的编程语言来操纵DIA 系统。

可维护性：容易维护是各类设备的共同要求。DIA 系统应有诊断程序以便迅速查找故障源。最新的设计都用模块结构，因而较容易排除故障。

精度：对 DIA 的精度要求是各种各样的。典型的坐标测量精度为全视场的1%，角度分辨率为 1。

功能：要求 DIA 系统能可靠的完成各种任务，从简单测量（如测量宽度、长度、面积等）直到复杂景物的分析。

一、工业 DIA 系统

第一个工业 DIA 系统出现于 20 世纪 70 年代初。当时的方案都不能实现实时处理并且一般是专用系统。工业 DIA 系统要完成的任务是各种各样的，下面用一些典型例子来说明任务的复杂性。

（一）外观检查方面

螺纹检查：用图像分割技术取得螺纹的侧影。通过对侧影轮廓的分析可以检测螺纹的完整性及其他特征。用图像处理硬件和微机可实现联机处理。

汽车零件检查：包括装配前对零件的检查和装配后对组件的检查，如换向齿轮组件的检查。通过对二值图像进行形状分析检查是否装上了所有零件。

容器检查：如检查包装箱、瓶子等容器的标签尺寸、形状、位置及完整性等。在这类任务中，被检查的容器通常放在传送带上，因此可用线阵 CCD 摄像机实现一个方向的扫描，传送带实现垂直方向的扫描。用专用硬件处理二值图像，完成边沿检测。分析边沿图像从而确定标签的方向、位置和完整性。这类任务是以用专用硬件和微机完成的，并且能达到很高的数据吞吐率。

印制板或掩膜图形检查：如检查导体的缺口、凸起、间隙，相邻导体的距离等。对这种应用有很大兴趣，已开发了四种基本技术：（1）非参考法，它直接检查各部分形状和尺寸是否满足要求，这是最流行的方法；（2）逐像素比较法，实现比较困难，因为对准精度要求高。被检物的尺寸也受到限制；（3）局部图形对准技术，可以找出正确和错误的局部图形；（4）符号比较技术，它根据符号描述进行比较。

（二）零件处理方面

IC 芯片的电气检查：要求精确确定芯片位置和方向，以便将电气探头定位在芯片的基区和发射区，从而完成某些电气性能的检测。

芯片的焊接：与电气检查相似，也必须确定芯片的严格位置和方向，才能控制焊接。

零件分类：根据零件的形状、位置和方向进行分类。由于零件在运输和贮存中总是堆放在料箱中的，因而将其分类是一项重要任务。这类系统通常由四部分组成：进料系统、视觉系统、处理装置和存放装置。当然，最好是能从料箱中直接抓取零件，但除少数外，目前的技术水平还做不到这一点。进料系统可以用辊筒式、滑槽式或传送带。视觉系统可以用专用硬件和微型机完成图像分析。处理装置可以用导槽、$x-y$平台、转台、机械手。

装配：用视觉系统引导机械手到安装位，用触觉敏感器控制螺钉的旋紧程度。例如，要将盖子装在空气压缩机的气缸上并用八个螺钉固紧。用 DIA 系统分析气缸的顶视图，控制 $x-y$ 平台运动以便装上盖子。每个装配步骤完成后，DIA 系统要检查操作的正确性。

综上所述，DIA 系统所面临的任务是多种多样的。目前一般还是具体问题具体解决，但是也设计出一些具有一定通用性的系统。这些系统大致可分为如下几类。

（1）以软件为基础的系统。这类系统通常将图像经高速接口直接存入计算机或专用的图像存储器，而后用软件完成图像分析。这种系统一般用微机或小型机。它的特点是灵活便宜，很适于科研单位使用。

（2）以硬件为基础的系统。这种系统可对视频图像进行实时处理，但一般只能完成相当简单的计算。

（3）混合系统。这是最好的系统。如果需要高速处理大量数据，则用硬件；如果需要对数据进行灵活的分析，则用软件。

DIA 系统所面临任务的复杂性是变化很大的。简单情况下，只要求测量长、宽等几何尺寸，而复杂的任务则要求识别处于不同位置的零件。处理速度的要求也是如此，要求低者几秒钟处理一幅图像，高者要求实时处理视频图像。显然，没有一个 DIA 系统能应付这样广泛的要求。如果任务很简单且有足够的时间，那么可以用以软件为基础的系统；如果任务很复杂，又要求高速处理，那么必须用大量的专用硬件。因此，DIA 系统的价格也是变化很大的。

对这个问题的一个正确答案是采用模块式方案。根据具体任务用不同的模块组成适当的 DIA 系统，以达到最高的经济效益。下面我们将以德闻夫琅和费信息处理研究所开发的景物分析机（SAM）为例来说明这种模块式系统的工作原理，严格地说 SAM 本身并不是一个 DIA 系统，但可用它的模块组成各种 DIA 系统。

二、SAM 硬件

实时图像处理的关键问题是数据量大，数据速率高。但从经济方面考虑，又只能用微机或小型机。为满足速度要求，必须大大压缩数据。通常认为，绝不能用微机去直接处理整幅原始图像，只能处理经专用硬件加工所得到的数据，并且只处理感兴趣的一部分。

由于 SAM 具有模块式特点，那么它必须采用总线结构。SAM 的总线包括视频总线和处理器总线两部分。它的硬件机构可分为视频电路、图像处理和分析、数据处理和存贮等三层。视频电路与图像处理和分析单元（包括图像存储器）共享视频总线，图像处理和分析单元又与微机、数据存储器和 I/O 器件共享处理器总线。可以把第二层看成是数据压缩级，它把大量图像信息压缩为少量数据，而后由第三层处理。

视频电路由几个信号处理器组成。它们从摄像机输入图像，进行二值化和同步处理，可以选择图像的极性（黑/白或白/黑），可以根据要求调整图像分辨率。

图像处理和分析模块可分为图像存储器（包括窗口和十字丝）、图像处理单元和图像分析单元三组。实际上，图像存储器本身并不是处理部件，但在图像处理和分析中确实起着重要作用，因而也包括在这一部分中。

（一）图像存储器（IM）

图像存储器有半帧存储器和跳变存储器两种，都能以 TV 速度读写。在系统总线上，每种 IM 可以挂八个。

半帧 IM 像素存贮二值图像，容量为 $256 \times 512 \times 1$ 比特，用像素的 x 坐标寻址。微机可以读写每个像素，也可以控制 IM 操作，如开始写入或读出图像、输出图像取反等。可以用专用图像处理硬件将两个 IM 连起来，一个 IM 读出，另一个 IM 写入。图像在两个 IM 之间每一次就完成一次处理。这种工作模式称为"乒乓处理"。

跳变 IM 存贮由黑到白和由白到黑的跳变位置（$x-y$ 坐标）容量为 $4K \times 16$ 比特。存贮字分跳变字（TW）和行号字（LN）两种，字长均为 13 比特。1~9 位存贮跳变位置（x 坐标）或行号（y 坐标）。第 10 位规定了跳变的极性，11~13 位规定了数据字的类型。当跳变 IM 读入一幅图像时，在每行开始点存贮该行的行号字，在跳变位置存贮相应的跳变字。微机可以访问被存贮的每个字。在输出模式下，跳变 IM 可以根据存贮的数据形成二值视频图像，以便在 TV 监视器上显示。

可以设置两个窗口来限定要处理和存贮的图像大小。窗口 1 的最大面积为 256×512 像素，它的左上角是坐标原点。该窗口只能人工定位，不能微机定位。窗口 2 位于窗口 1 内，大小和位置均可用微机设置，因而我们可以仅分析感兴趣的一部分图像。窗口模块还包括一个十字丝发生器，用来标志感兴趣点的位置。十字丝可由操作员或叫微机定位。

（二）窗口处理器（IWP）

用 IWP 可完成局部图像处理运算。一个 7×7 窗口可沿图像以 TV 速度移动。可完成的运算种类能用微机编程。IWP 能完成收缩、二次收缩、膨胀、三次膨胀、先收缩后膨胀、先膨胀后收缩、SMI 收缩与膨胀之差及 NOP（不运算）等八种运算，也可用 XOR 和 AND 比较两幅图像。IWP 可对 TV 图像和存贮图像完成上述运算。它的输出是二值视频信号，可以写入任一图像存储器。IWP 是用硬件实现的，运算种类和信号流动方向都是可编程的。

IWP 能对视频图像进行实时处理。用它可以抑制图像噪音，填平小孔，弥合缺口。

（三）图像分析器（IAP）

IAP 是 DIA 的核心，它包括分支标号模块（CLM）、面积计算模块（CAM）、周长计算模块（CPM）、中心计算模块（CCM）等部分，能完成分支标号运算，可以计算面积、周长、孔数和中心点坐标。IAP 能从二值图像中提取形状和位置特征，从而达到数据压缩的目的，使得微机可以在给定时间内完成对这些特征数据的分析。让我们大致估算一下数据的压缩率。一幅 256×320 的二值图像差不多包含 100 000 比特的数据。假设该图像有 60 个泡，每个泡用 16 字节的特征数据表示，那么该图像就可用不到 1K 字节的数据描述。虽然不能将比特和字节同等看待，但是数据量被大大压缩这一点是很明显的。

在 IAP 中，分支标号模块具有特殊的作用。CLM 有两个工作模式：（1）数据提取模式，完成标号的分配和处理；（2）滤波模式，重复进行标号，并给感兴趣的标号加标志，有标志的泡被保留，其他泡被去掉。滤波的目的还是数据压缩，因为经过滤波的图像仅包括感兴趣的泡。

在数据提取模式中，CLM 对二值图像进行连接性分析，并给连接在一起的区域分配适当的标号，标号的大小与各泡在从上到下、从左到右的 TV 扫描中出现的次序相对应。为了分析连接性，CLM 考察 2×3 窗口：

N-1 行　PPP

N 行　X

如果在 N-1 行有任一点 P 有标号，那么像素 X 也加同一标号；否则 X 是新泡像素，应加新标号。第一种情况表示 X 仍是老泡中的像素，第二种情况表示开始了一个新泡。必须注意交会和分支两个情况；交会是指从前行来的标号不同的两个分支相交在一起，即发现这两个分支属于同一泡；分支是指一个泡在下一行分为几个分叉。在分支情况下，显然应让每一个分叉保持老标号；在交会情况下，则必须建立一定规则，以便决定那个分支的标号应被保留。在此，我们选择最左面一个分支的标号作为交会后的标号，并将两个相交的标号写入交会表，以备图像分析时参考。

有人建议存贮每个像素的标号。但这样做有两个缺点：第一，这等于又将二值图像变成了 8 比特图像（如果有 2% 个标号）；第二，如果要在已标号的图像中提取一个泡，必须搜索所有标号相同的像素。SAM 则不然，它根本不存贮像素标号，而是在存贮二值图像的同时存贮交会表和总标号数。如果想保留一个或几个感兴趣的泡，那么就重复进行分支标号，在数据提取模式下计算各泡的特征参数，根据特征参数选择所要的泡，而后在滤波模式下将它提取出来。用下面将介绍的 CLM、CPM 和 CCM 等硬件模块可以在分支标号过程中实时求得面积、周长和中心点坐标等特征参数。

CLM 通过对 2×3 窗口的分析不难决定一个泡是否全部在图像之内。如果某泡与窗口边沿相接触，那么它可能是不完整的，应当加上特殊标记，在进一步分析中不予考虑或特殊处理。这类特殊标号的存贮就形成了不完整泡清单。

CLM 允许有 255 个标号和 255 个交会。如果图像中的泡数和分支数超过255，那么标号大于 255 的泡均以 256 做标号。如果干扰造成泡的上边沿带有严重花边，就会使标号数大大增加。应当指出，CLM 具有平滑花边，消除孤立点和弥舍小孔的作用。

CLM 的输入是二值图像，输出是标号总数、交会总数、交会表和不完整泡清单。在分支标号过程中，CLM 向各特征计算器（CAM、CPM、CCM）发送标号，以便建立起特征和标号的对应关系。

面积计算模块（CAM）累积具有同一标号的像素数，即可得到具有该标号的泡（分支）的面积为

$$A = \sum_{y=1}^{M}\sum_{x=1}^{N} B(x,y) \tag{5-1}$$

式中，x，y 是像素坐标，M，N 是泡的垂直高度和水平宽度。

假设像素尺寸沿 X，Y 方向均等于 1，且

$$B(X,Y) = \begin{cases} 1 & \text{对泡中像素} \\ 0 & \text{对泡外像素} \end{cases} \tag{5-2}$$

CAM 的核心是可预置计数器，只要扫描线已进入具有某一标号的泡或分支，计数器就被预置成该分支面积的中间结果，而后对该分支中的每个像素计数器加 1，对背景像素不加。当扫描线离开该分支时，将中间和写入面积存机器。在完成整幅图像扫描时，各分支的面积均被存贮在面积存机器中。微机可以访问面积存机器。因为一个泡可能有几个分支，因此需要将属于同一泡的所有分支的面积相加才能得到整个泡的面积，这个求和运算由软件完成。很明显，CAM 的工作原理与投影计算器基本相同。事实上，用投影计算器也可以计算图形的面积，因为投影之和就是面积。

周长计算模块（CPM）有两个功能：一是检测轮廓点；二是计算轮廓点数。对泡内的每个像素 CPM 检查 3×3 邻域，只要其中有一个像素是背景像素，那么该像素就是一个轮廓点。

要准确计算周长，只知道轮廓点数还是不够的，因为周长还与轮廓线在扫描光栅上的取向有关。在边沿点的 3×3 领域内，背景像素的多少和分布可以决定轮廓线的方向，因而应当根据相邻的背景像素对轮廓点数加权，以便提高周长计算的精度。

中心计算模块（CCM）可以计算分支中心点的坐标。假设像素的质量为 1，那么中心点坐标为

$$XC=\frac{\sum X\cdot B(X,Y)}{\sum B(X,Y)} \ , \ YC=\frac{\sum Y\cdot B(X,Y)}{\sum B(X,Y)} \tag{5-3}$$

因为 $\Sigma B(X,Y)$ 是面积，已有 CAM 求出，因此只需求出分子就够了，除法用软件实现。CCM 的结构和原理基本与 CAM 相同，区别仅仅是 CCM 累加的是坐标而不是像素。我们曾介绍过由投影求中心的方法，其原理也是大同小异的。

数据处理和存贮这一层由三组功能模块，它们是数据处理模块、数据存储模块和数据 I/O 模块。

（四）**数据处理器**（DP）

DP 包括 Z80 微机和高速算术运算器（AM9511）两个单元，后者支持 Z80 完成数字处理任务。算术运算器有 8 比特双向总线、一个数据堆栈和一个算术运算单元。首先两个操作数被压入堆栈，而后发出命令字规定运算种类，运算完成发出状态字信号，运算结果可从堆栈读出。该算术运算器可以完成 16 比特和 32 比持的整数和浮点运算。

Z80 是整个 SAM 系统的主控器。因为 SAM 总线是专用的，包括一个 16 比特宽的数据总线和一个 24 比特宽的地址总线，为了使主控器既可以用 16 比特微机，也可以用 8 比特微机，就必须要一个总线接口将计算机总线与 SAM 总线相连。SAM 的地址空间是很大的，因而可以支持用查表法实现高速运算。

（五）**数据存储器**（DM）

SAM 的数据存储器包括 RAM 和 EPROM，每块 EPROM 板的容量为 32K，每块 RAM 板的容量为 16K。可同时用几块 RAM 板和 EPROM 板。海量存贮器用软盘。

（六）**数据 I/O 单元**（DIO）

数据 I/O 包括操作员与系统的通信和系统与其他设备的通信。人—机通信

用一个民用文件处理器完成，系统可接受来自键盘的命令和数据，操作员时从视频监视器上得到字符和数据。SAM 与其他设备的通信用 Z80PIO 和 SIO 实现。

三、SAM 软件

图像的高速处理不仅依靠专用硬件，还需要有效地用软件实现数据处理运算。如何实现这一目的并没有系统的方案，但有两个具有普遍意义的原则：第一，应该尽量采用查表法进行数据运算；第二，应将数据安排成容易访问的数据结构。SAM 的地址空间（24 比特宽）支持查表运算。下面重点介绍 SAM 的数据结构。

SAM 软件分为基本软件，面向问题的软件和面向操作员的软件三层。前两层使 SAM 满足具体任务要求，第三层可以使未经训练的操作员在现场方便地操作 SAM 系统。基本软件又由两级组成：一级是控制硬件和微处理器的微程序；另一级是用于收集、组织、存贮和访问数据的程序。面向问题的软件包括邻域分类器、极性检测器、模式驱动搜索器和其他面向问题的子程序。这一级的系统编程器可以将 SAM 编程为不同方案以适应不同任务的要求。面向操作员的软件提供了人机对话的手段，不要求操作员具有编程知识，以菜单方式操作员即可控制系统的工作。

这里就不一一介绍全部系统软件，仅准备较详细地说明与数据收集和数据结构有关的一部分基本软件，因为这可能对读者了解景物分析方法有帮助。

前面已经提及，分支标号器的作用是给每个分支分配一个标号，其他 IAP 模块计算每一个标号分支的面积、周长、孔数和中心点坐标等特征参数。由于一个泡可能有几个分支，因而对每个标号分支得到的特征数据仅仅是局部结果。必须决定每个泡含有几个分支，每个分支的标号是什么，进而求出整个泡的特征参数。这一过程称为"标号收集"，它的基础是分支标号模块输出的交会表。

所谓交会表是一个存储器，其中一一对应地存放着交会在一起的对应标号值。例如，图中交会表的内容表示标号为 i 的分支与标号为 j 的分支交会在一起，标号为 m 的分支与标号为 n 的分支交会在一起，等等。如果交会表是空的，表示所有泡均只有一个标号，没有交会情况发生。为了高速完成标号收集运算，设置了若干个堆栈和一个堆栈地址场（SA）。有多少个标号，SA 就有多少个存贮单元；有多少个泡，就设置多少个堆栈。让我们举例说明标号收集的过程。假定从交会表读出的第一组对应标号是 (i, j)，则将 i、j 压入堆栈 1，并令 SA 对应单元的内容

$$SA(i) = SA(j) = 堆栈1指针 \qquad (5-4)$$

如果以后又从交会表读出与 i 或 j 相交的标号，如标号 k 和 1，那么也将它们压入堆栈 1，并令

$$SA(i) = SA(j) = 堆栈1指针 \qquad (5-5)$$

一般地说，每从交会表中读出一对标号 (i, j)，首先要检查对应的 SA 单元是否含有堆栈指针，如果

（1）不包含堆栈指针，即 $SA(i) = SA(j) = 0$。

这表示在任一堆栈中都不含有标号 i, j，那么将压入一个空栈 x，并令 $SA(i) = SA(j) = 堆栈x指针$。

（2）其中一个标号（如 i）已位于一个堆栈中，则把 j 压入同一堆栈，并令 $SA(i) = SA(j)$。

（3）两个标号已处于不同堆栈中，即 $SA(i) \neq SA(j)$。

则将一个堆栈的内容弹出并压入另一个堆栈，SA 中所有指向前一个堆栈的单元修改为指向后一个堆栈，前一个堆栈变成空栈。

对整个交会表完成上述操作后，一个堆栈对应一个泡，其中存贮了该泡所包含的所有标号。

在完成标号收集运算之后就可以产生景物表，景物表是二值图像的简明描述。每个泡占表的一行，排列顺序与泡在 TV 扫描中出现的次序相同。对每个泡，景物表列有下列内容：①标志单元；②泡的面积；③泡的周长；④泡所包含的孔数；⑤泡的中心点坐标；⑥到标号存贮单元的指针。共占用 16 个字节。

在形成景物表时，必须根据 SA 场的内容来分析每个泡有几个标号。

如果某一 SA 单元等于零，那么对应的泡仅有一个标号，该泡的特征数据可直接写入录物表。还必须根据非完整泡清单检查每个泡是否与窗口接触。如果某个泡与窗 n 边沿接触了，则认为它可能是不完全的，不做进一步分析，或在标志单元加上特殊标志。

如果某一 SA 单元不为零，则对应泡有几个分支，几个标号。在检查了它们是否完整之后，从堆栈中逐一弹出各个标号，并将与这些标号对应的面积、周长、中心点坐标、孔数等特征参数综合在一起。从而求出该泡的总特征参数，可以对景物表完成"软件滤波"，如滤掉面积小于某一门限值的泡等。总面积、周长和孔数的计算是用 Z80 完成的，总的中心点坐标的计算则是用算术运算器完成的。根据这些特征参数就可以识别图像中是否含有要求的泡。

四、SAM 的应用

用 SAM 硬件可以组成不同方案以适应具体任务的要求，但是不论什么方案，视频电路总是要用的，并且一般变化不大。方案的变化主要体现在第二层，即在图像存贮、图像处理和图像分析部分。最典型的方案如下。

（1）软件方案：由图像存贮和数据处理两个模块组成。先把输入图像存贮起来，而后用软件实现全部处理和分析。这是最慢的方案，但只要时间允许就应当考虑用这种方案，因为它最便宜。

（2）图像处理方案：由两个图像存储器（IM）、图像窗口处理器（IWP）和数据处理模块（DP）组成。该方案的主要作用是完成图像处理。由于该方案包括了软件方案，因而在完成图像处理后也可以进行图像分析，主要工作模式是"乒乓"处理。

（3）实时方案：由图像分析器（IAP）和数据处理单元（DP）组成，该方案能实时完成视频图像分析。在图像扫描完成后，数据被收集成景物表。形成景物表所需要的时间决定于景物的复杂性：泡越多，每个泡的分支越多，形成景物表需要的时间就越长。如果一个景物包含几个零件（4~5 个），每个零件的侧影分解为几个泡，那么景物表的形成时间约为 40~80ms。有的复杂景物需要用 100ms 的时间形成景物表。

（4）组合方案：是上述各种方案的组合。这是最重要的方案，因为它能适应各种具体任务要求。

图 5-2 是一种典型的混合方案，它能实现 SAM 的全部工作模式。首先，景物图像被读入图像存储器 1，而后在 IM1 和 IM2 之间来回转移，由 1WP 对图像进行"乒乓"处理。图像经 N 次"乒乓"处理之后输出到总线上，用 IAP 提取特征数据。微机在算术运算器的协助下收集特征数据，编制景物表，选择感兴趣的泡，并给它们的标号加标志。而后，图像又从一个 IM 转移到另一个 IM，在这次转移期间，CLM（分支标号器）处于滤波模式，所有未加标志的泡均从图像中去掉，从而得到一幅新图像，它仅包括感兴趣的泡。

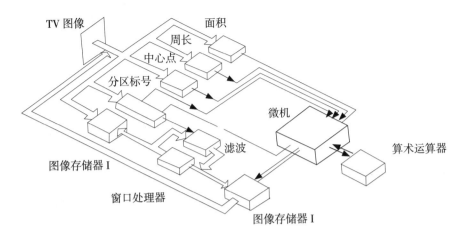

图 5-1　SAM 硬件

在工业上，自动从传送带上抓取零件有广泛的用途。完成这一任务的早期方案都是让传送带停下来以便摄取图像，分析图像，抓取零件的。用 SAM 就可以高速完成图像分析，实时抓取零件（图 5-2）。假设视场为 30cm 长，传送带速度为 30cm/s。为了保证在零件通过视场期间至少能看到一次，要求 SAM 必须在 500ms 内完成图像分析。

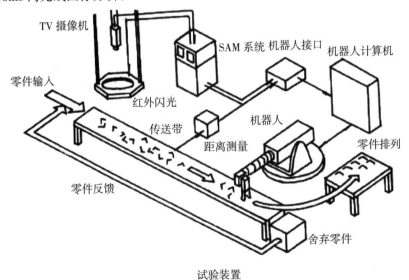

图 5-2　SAM 实时抓取零件

为了避免因传送带运动引起图像模糊，SAM 用红外闪光灯作为光源，因为这种光源有下述优点：

（1）红外光谱与硅靶摄像管相匹配；

（2）可用窄带滤光片过滤反射光，以便消除环境杂光的干扰；

（3）红外光人眼看不见，闪光不会影响附近人员的工作。

在如图 5-3 所示的试验装置上，我们用了带有位置测量装置的传送带、红外闪光灯、摄像机和 SAM、机器人和机器人计算机、零件桌。在闪光，即图像捕捉的瞬间，SAM 向机械手计算机发出中断信号，使后者开始计算传送带的行程。在完成图像分析后，SAM 向机器人接口发送图像中所有零件的位置和转角，以便控制机械手从传送带上抓取零件。

到此为止，本章介绍了工业 DIA 系统的设计思想、工作原理及基本硬件、软件结构，让我们综合一下设计这类系统的几条基本原则。

第一，为了提高速度降低成本，应当尽可能早地将灰度图像转换为二值图像。二值图像处理技术能解决绝大部分工业 DIA 系统所面临的任务。

第二，必须尽可能压缩图像数据值，一种行之有效的方法是用专用图像处理硬件处理和分析图像，提取特征数据，这是 SAM 系统的核心。

第三，所用的运算必须尽量简单，并且尽可能用查表法实现运算，因为查表法仅要求扩大存储容量，实现高速度比较容易。

第四，数据结构必须容易访问，以便提高数据处理速度。

第三节　数字图像处理基础

众所周知，电影是利用现代摄影技术手段，融合文学、戏剧、摄影、绘画、音乐和舞蹈等多种艺术的表现方式和方法。在统一的创作意图下，把它们有机地结合起来所形成的一种完整的综合性极强的艺术形式。

一、电影的发展历程

电影发明于 19 世纪末期，当时科学家并不是把电影当成一种艺术形式来发明的，也没有想到它会成为表达人的思想情感的媒介，而仅仅是把它作为一种记录运动的媒介。也就是说，电影是以一种记录生活里运动的视听形象的机器而问世的，人们只是利用了这个机器的记录功能：卢米埃尔用它记录工厂的大门、火车进站、园丁浇水；而梅里爱则把摄影机放在剧场的"最后一排"，记录舞台上的表演。从这个意义上说，早期电影与艺术没有任何的关系，它只是对生活进行曝光。后来，人们逐渐发现电影不仅可以记录生活里的动作、事件，还可以通过记录手段来讲故事，表达人的思想情感，于是电影慢慢地成为表达人的思想情感的语言，进而逐步发展成为 20 世纪最广泛和最具影响力的艺术形式。

在电影从一种技术发明转变为一种艺术形式的过程中，技术对其发展产生了深远的影响，电影发展史上的每一次历史性变革都是技术推动的。根据电影技术表现形式的不同，可以将电影发展分为四个时代。

（1）默片时代。默片时代的电影只有黑白影像信息，主要涉及影像的拍摄和显示技术。

（2）有声片时代。随着电声技术、光电技术和感光材料技术的进步，声音可以与画面同时记录在电影胶片上，使得电影进入了有声片时代。

（3）彩色片时代。多层感光胶片的发明和胶片洗印技术的发展，使彩色影像可以记录在胶片上并可以用彩色放映机进行色彩还原，电影由此进入彩色片时代。

（4）数字电影时代。从 20 世纪末期开始，随着计算机技术、信息处理技术、通信技术和网络技术的飞速发展，数字技术开始在电影的拍摄、制作、发行、放映等各个环节应用，并出现了完全由计算机制作完成的数字电影，电影逐渐进入数字电影时代。

从艺术的角度来看，电影从一种技术发明发展成为一种颇具影响力的艺术形式，大致经历了以下几个阶段。

（1）萌芽期（1895 年之前）。在此期间，人们发现了人眼的视觉暂留现象，与电影密切相关的影像记录技术也得到了很大的发展，为电影的发明奠定了基础。

（2）形成期（1895—1927 年）。从爱迪生、卢米埃尔在美闻和法国发明电影之日起，在近 20 年间，电影经历了从短片到长片、从单镜头到多镜头的剪接，成为一种视觉语言。

（3）发展期（1927—1945 年）。在近 20 年的发展期内，电影具有了与画面同步的声音，画面也由黑白发展为彩色，成了一种完整的视听艺术。

（4）成熟期（1945 年至今）。在第二次世界大战结束后，电影在技术上已经进入了成熟阶段，此后的技术发展不再对艺术表现产生重大的影响，电影从此进入了在艺术上精益求精的阶段。此外，这个阶段的电影也不再是单纯的娱乐品，而是具有极大的社会影响力的艺术门类。

（一）视觉暂留现象

很多人在小时候都有快速挥动火把可以形成连续火带的经验，这一现象正是电影的生理学基础。1824年，英国人彼得·马克·罗杰特对这种现象给出了科学解释：人眼观看物体时，成像于视网膜上，并由视神经输入人脑，感觉到物体的像。但当物体移去时，视神经对物体的印象不会立即消失，而要延续很短的时间（通常在1/10 s左右），这种现象被称为"眼睛的视觉暂留"。利用这一原理，人们发明了很多重现活动影响的装置。1834年，英国人乔治·霍尔纳发明的走马盘，它是一个周边带有狭缝的圆柱形物体，圆柱体的内壁有一圈连续的图片。当人们快速地旋转走马盘，透过外壁上的狭缝进行观看时，就可以看到简短的动画。

1872年，英国人麦布里奇所做的一项实验使人们认识到可以通过连续拍摄的方式将运动场景分解为一系列的彼此连贯的动作。麦布里奇喜欢赛马，他想知道马在全速奔跑时四蹄是否同时离地，于是他沿跑马场的跑道把24台照相机横排成一列，各台照相机的快门系上一根线，拉在跑道上，当马跑过时，依次把线拉断，打开快门。麦布里奇成功地把马的运动姿态清晰地拍在了24张照片上。1881年，他把照片一张张地洗印在玻璃上，以同等间隔顺序贴在圆板的周围，又在同样大小的金属板上，对着照片的位置开个窗口，最后将圆板和金厉板重合起来，彼此相对旋转，此时照片依次对着窗口一张张地连续映出，好像马在奔跑。

此后，不同国家的科学家们做了大量的研究工作，不断改进了摄像的方式和方法。例如，1876年，天文学家强森发明了"轮转摄影机"，其中的轮转机构就是目前胶片电影机中广泛使用的间歇机构中的一种。

推动电影发明的另一个重要因素是感光材料的发展。电影的拍摄原理与照相完全相同，都是靠感光材料的曝光来记录影像。1839年，法国人达盖尔发明了照相技术，他用碘蒸气处理银表面，得到碘化银感光层；经曝光后用汞蒸气显影，再用氯化钠定影。这种技术能得到很好的正像，但感光速度慢（需要30min以上），并且影像不能复制，因此这种技术显然是不适合记录瞬间影像。在照相术发明50年之后的1889年，柯达公司生产出了硝酸基胶片，胶卷的诞生大大提高了拍摄的速度，给电影的发明创造了条件。

（二）电影的发明

在胶片出现后，很多人开始研究用胶片记载音像的机械装置。在众多的研究中，比较有名的是爱迪生的"电影视镜"。1887年，爱迪生为给自己发明的留声机配上画面，开始了电影机的研究。他使用柯达胶片并在其上凿孔，一个画面凿四组孔，片宽 35mm。他把有孔的胶片穿绕在一个黑箱子里面，箱子上有一个小孔，孔上安装有放大镜，观察者通过放大镜观看胶片上的图像。爱迪生的研究采用了现代胶片的形式，使电影达到了近于完成的阶段。尽管这种装置使得观看者能看到活动的影像，但只能供一个人观看，并且画质不清楚。1894 年，爱迪生认为默片不会有大的前途，因此公布了他的发明，并停止了这项研究。

此后，人们在此基础上进行了众多改进，中心问题是解决电影的间歇播放问题，其中最有名的是法国的路易·卢米埃尔。他发明的机器解决了间歇运动和可放映在屏幕上供多人观看的问题。1895 年 12 月 28 日，卢米埃尔在巴黎卡布辛路 14 号的"大咖啡馆"中第一次公开放映了他所拍摄的影片自这一天开始，电影作为一种活动影像正式公之于世。此后，各国开始制作和改进这种电影机，并不断拍摄出各种影片，同时开始出现供观众看电影的影院。

（三）电影的发展

电影在发明之初主要用于记录真实活动，并将其重现在银幕上，当时的艺术家认为电影是难登大雅之堂的"低级文化"。电影真正的生命力来自最早注意其生命力的艺术家，如法国导演梅里爱、美国的卓别林和格利菲斯等。他们在电影中创造性地使用了"运动摄影""长镜头""特技镜头""蒙太奇"等表现手段，大大增强了电影画面的视觉感染力，开创了无声片时代。

20 世纪 20 年代，随着无线电技术、光电技术和感光材料的进步，声音终于可以同影像一样记录在感光胶片上了，电影从此由无声迈向有声时代，使其成为完整的视听艺术形式。

尽管从电影发明开始，人们就开始了彩色影像的研究，但一直进展不大。1933 年，英国特艺色公司（Technicolor）用三色染印法成功地完成了第一部彩色电影，其技术一直沿用了 20 多年，并拍摄了很多名片，如《出水芙蓉》等。我们现在使用的多层彩色胶片是 1945 年研制成功的。此后，随着电影胶片和电影机械的不断改进，画面质量和声音质量日益提高，电影进入了它的全盛时期，成为人们最喜爱的艺术形式之一。

（四）电影面临的挑战

电影是作为一项技术发明而诞生的，但却是作为一门艺术而存在的，并且是一种信息和文化载体。然而，随着一种信息量更大、观看更方便的信息传播工具——电视的出现，电影作为记载活动影像信息的唯一媒体的时代宣告结束，电影工业受到了严重的挑战，电影被迫向形式新颖、大银幕、高画质、高音质、临场感强等方向发展。

数字技术的出现为电影注入了新的活力，它极大地丰富了电影的制作手段，彻底改变了电影的发行放映方式，使电影从胶片为载体、摄影机为主体的时代过渡到了数字时代。目前，电影以其无与伦比的声音质量、精雕细刻的制作、宏大的场面和震撼人心的视觉效果成为观赏活动影像节目的最高享受。

二、活动影像的拍摄原理

视觉是人类获取信息的主要手段，人类 70% 以上的信息是通过视觉获得的。人类的视觉是由人眼和大脑共同完成的。人眼是一个精细的透镜系统，它主要完成成像功能，形成的影像投影在视网膜上，然后通过视神经传递给大脑，最后在人脑中形成景物的像。

（一）运动视觉原理

前面我们提到了视觉暂留，它说明光线对人眼的作用不会在短时间内消失，而是会持续一段时间，这个时间通常在 1/5 ~ 1/36 s 之间。然而，人的运动感觉并不是简单地依赖于人眼的"记忆"功能。人们通过试验发现：如果交替地播放两个不同的画面，人获得的感觉并不是两个画面的叠加。例如，如果交替播放图 5-3 的画面（a）和（b），人所感知道的画面并不是画面（c），仍然是交替出现的（a）和（b）。由此可见，人眼所获得的运动感觉并不仅仅来源于视觉暂留现象，还与其他因素有关。

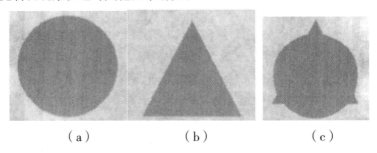

（a）　　　　　　　（b）　　　　　　　（c）

图 5-3　交替播放画面（a）（b）不会在人脑中获得画面（c）

研究结果表明，在不知道物体过去的位置的情况下，人是不会感觉到物体的运动的，人所看见的只会是静止的画面。基于这种考虑，如果人眼仅仅具有记忆功能，那么人眼不会记住 1/10s 之前物体的位置，也就不会有物体运动的感觉。事实上，人对物体运动的感觉不仅与人眼的视觉暂留现象有关，还与人在日常生活中积累的经验有关，因此人对物体运动的感觉是视觉记忆与视觉心理惯性两者相结合的产物。

依据这样的原理，如果我们把某一动作按照时间轴分成连续的若干个瞬间，并分别将这些瞬间的动作位置记录下来，然后按同样的顺序显示出来，就能使动作重现。在影片拍摄时，胶片在静止时进行曝光，记录某个瞬间的动作，然后被间歇机构拉动到下一个未曝光的画面，再次静止曝光，依次进行，直到拍摄终止。曝光后的胶片经过冲洗，得到一个动作的若干个瞬间的静止画面，放映时候再用类似的间歇机构，在胶片静止的瞬间将胶片上的画面逐幅地投影到银幕上，观看者在视觉生理和视觉心理惯性的综合作用下，获得动态影像的再现感觉。

（二）电影拍摄的片速

电影的拍摄速度是指胶片在摄影机内的运行速度，以每秒钟多少画幅来计算。画幅又称为画格，是组成影片的每一个静止的画面，它是计算影片长度的基本单位。如果拍摄速度与再现速度相同，那么观众看到的将是自然的原始动作；如果拍摄速度高于再现速度，那么观众看到的将是慢动作，相反则是快动作。在电影中，艺术家通常会广泛地运用拍摄速度与放映速度之间的关系来实现一些特殊效果。

众所周知，电影的放映速度是每秒 24 格，这是由以下几个因素决定的。

1. 人的视觉生理和视觉心理要求

试验表明，只要放映速度在每秒钟 10 格以上，人对影像的观察就会有连续的运动感受。然而，在观看电影过程中还有另一个要求：在放映过程中，不应该有画面间忽明忽暗的感觉。实验结果表明，画面之间的闪烁感觉与画面的亮度和明暗交替变化的频率有关。表 5-1 给出了在画面切换时不产生闪烁所需要的最低片速与银幕照度之间的关系。

表5-1　电影画面无闪烁条件

银幕照度 /lx	10	20	30	40	50	60	70	80	150	200
最低片速 /（格 /s）	9.6	42.6	45.4	46.7	47.9	48.8	49.6	50.4	53.6	55.0

注：lx 是照度单位，它定义为光强为 1cd 的光源在 1m 远处的照明强度。

从表 5-1 中可以看出，在照度为 20~100lx 的条件下，要使人眼感受不到闪烁，那么最低片速应在 42~51 格 /s 之间。考虑到一般条件下屏幕亮度情况，爱迪生在其发明的电影机中将胶片的放映速度设定为 46 格 /s。

2.经济因素的限制

尽管片速越高，越不容易出现闪烁，但高片速意味着要使用更长的胶片，成本会越高。在能满足视觉要求的条件下，片速越低显然可以节约胶片，降低成本。

3.间歇运动机构的限制

间歇机构是一种机械装置，它的功能是周期性地拉动胶片，一个周期包括：插入片孔→下拉胶片→退出片孔→回位几个动作。胶片在整个过程中时而运动，时而停止。片速越高，对机械装置的要求就越高，制造成本也就会增加，因此间歇运动机构希望片速越低越好。

4.声音录制质量的要求

为同时满足上面三个要求，在无声片时代，人们设定拍摄速度为 16 格 /s。在放映时采用三开角遮光器，使银幕面显示次数为 48 格 /s。这种状况一直持续到有声片出现。有声片出现后，声音和画面是录制在一起的。声音信号先转换为电信号，电信号通过光电变换转换为光信号，光信号对感光材料进行曝光，从而完成声音信号的记录。

在有声片中，声音的质量与影像清晰度有直接的关系，而影像的清晰度除与胶片本身的分辨率有关之外，还与胶片的运行速度有关。声音质量与片速的关系为

$$V = 3.6\frac{f}{R} \qquad (5-6)$$

式中，V——胶片的运行速度，单位是 /s；

f——所记录的是声音的频率，单位是 Hz；

R——胶片的分辨率，即在单位长度上的线对数。

当然，我们也可以从另一个角度来理解公式（5-6）。在胶片分辨率和胶片运行速度确定的条件下，可以计算出 1 s 内胶片移动 V 格，每格胶片上有 R 个线对，也就是说总计有 RV 个线对。每个线对可以记录某个时刻声音信号的幅度值，这样在 1 s 内总计可以记录 RV 个时刻的声音信号的幅度值。根据采样定理可以反推出此时声音信号的最高频率不可能超过 $\frac{RV}{2}$，即

$$f \quad \frac{RV}{2} \quad RV \qquad (5-7)$$

注意：式（5-6）取了一个相对保守的值，即 $f = \dfrac{RV}{3.6}$。

通常情况下，胶片受制作工艺的影响，R 是有一定限度的。如果 R 固定，

如果希望记录的声音频率越高，那么必然要求电影的片速 V 越高。表 5-2 给出了片速、胶片分辨率和声音频率之间的关系。例如，假定胶片每毫米的分辨率是 100 线，那么根据公式（5-6）可以计算出所需要的片速为 0.036f。

表5-2　片速、胶片分辨率和声音频率的关系

胶片的分辨率 $R/$（线对 /mm）	片速 $V/$(格 /s)	胶片的分辨率 $R/$（线对 /mm）	片速 $V/$（格 /s）
40	0.090f	100	0.036f
60	0.060f	120	0.030f
80	0.045f	140	0.026f

通常情况下，声音频率与声音质量有非常直接的关系。表 5-3 给出了日常生活中常见的声音的质量与频率的关系。从表 5-3 可以看出，在高质最组合音响输出的声音信号中，最低频率的声音可以达到 20Hz，而最高频率的声音可以达到 20 000Hz。在常见的调频立体声广播节目中，声音信号的最高频率在 15 000Hz 左右，最低频率在 50Hz 左右。而普通话音的频率范围大致是 300 ~ 3 400Hz。一般而言，声音信号的频率范围越大，声音质量越高，反之就越低。

表5-3　声音质量与频率的关系

声音质量	声音频率范围 /Hz	典型代表
完美的	20~20 000	Hi-Fi 音响
优秀的	50~15 000	FM 广播
良好的	50~7 000	AM 广播
可用的	150~4 000	短波收音机
电话水平的	300~3 400	话音

根据表 5-3 可以计算出在 24 格 /s 条件下，不同胶片分辨率所能达到的声音质量见表 5-4。由此不难看出，在每秒 24 格的条件下，35 mm 电影由于每格胶片的长度相对较大，其声音质量更好。在胶片分辨率为 120 线对 /mm 的条件下，其声音的最高频率可达到 15 kHz，这与立体声广播的频率范围完全相同，因此可以提供较高的声音质量。

表5-4　电影声音质量与胶片分辨率的关系

胶片分辨率 R	记录声音的频率 /Hz		
	35mm	16mm	8mm
40	5 000	2 000	1 000
60	7 500	3 000	1 500
80	10 000	4 000	2 000
100	12 500	5 000	2 500
120	15 000	6 000	3 000

经过反复权衡和比较，综合考虑人眼视觉特性、声音质量等因素的影响，1932 年，人们把每秒 24 格定为有声电影的拍摄标准，并一直沿用至今。

三、电影画幅尺寸

爱迪生在研究发明"电影视镜"时，第一台样机所使用的胶片宽度为半英寸，即 12.7 mm。后来在改进的第二台机器上，胶片宽度改为 $1\frac{3}{8}$ 英寸（34.925 mm），大约 35 mm。以后的摄影机均是在此基础上改进得到的。1907 年，在关于电影胶片尺寸的自由协商会上，35 mm 胶片被确定为商用规格。1925 年，在法国巴黎国际电影会议上，正式确定电影胶片的标准宽度为 35mm。

在胶片宽度确定后，扣除输片必要的片孔大小，就可以确定画面宽度。比较难以确定是画面的高度。画面的宽度和高度的比例称为宽高比。宽高比不仅是一个技术问题，而且是一个与摄影构图和透视关系等艺术创作思想直接相关的参数。电影画幅宽高比的确定主要基于以下三个因素。

（一）人眼的视角

人眼的水平视角要大于垂直视角，同时人在观察景物时，总是水平移动多于上下移动。因此，画幅的宽度大于高度才能让人看起来更舒服一些。

（二）美学上的考虑

人类最初关于美的认识来源于对大自然匀称、和谐和韵律的观赏和认识。从造型艺术的角度来看，各种美学观点均认为在长方形造型中以宽高比为 1.618：1 给人的美感最强，这就是著名的黄金分割律。

基于人眼生理特点和美学考虑，电影画幅应该是长方形。考虑到电影放映的是动态画面，不同于简单的、静止的几何造型，因此它更应该接近于大幅绘画作品的构图比例。于是有人对欧洲各大城市的美术馆内最优秀的画家的作品进行了调查和统计分析，结果如表5-5和表5-6所示。

表5-5 部分欧洲名画宽高比

绘画类型	宽高比
人物风景	1.338 ∶ 1
风景	1.380 ∶ 1
田园	1.288 ∶ 1

表5-6 不同景别的宽高比

宽高比	远景	全景	中景	近景	特写	大特写
最大	2.1	1.9	1.7	1.65	1.4	1.2
最小	1.6	1.5	1.5	1.2	1.18	1.1
平均	1.85	1.7	1.6	1.42	1.26	1.15

从这些统计数据来看，不同的画面内容和不同的景别其宽高比是不相同的。如果纯粹按照美学原则来确定画幅宽高比就不大容易，主要原因是：电影的内容是千变万化的，景象也包罗万象，不可能依据某一画面的内容来确定画面的宽高比，只能按大多数情况来考虑。

在综合分析了上述各方面要求后，在胶片标准协商会议上规定电影画面尺寸为 24 mm × 18 mm，即宽高比为 4 ∶ 3 = 1.33 ∶ 1，这个标准在1925年的巴黎会议上得到了确认。

（三）声带位置的要求

在有声电影问世后，由于声音也需要录制在胶片上，因此画面尺寸缩小为 22 mm × 16 mm，宽高比变为 1.37 ∶ 1。

目前我们使用的 35 mm 电影胶片其画面尺寸有三种，见表5-7。

表5-7 典型的35 mm电影画面尺寸

物理尺寸	宽高比	典型应用
21.77mm × 18.60mm	2.35 ：1	变形画面宽银幕影片
21.77mm × 16.00mm	1.37 ：1	非变形画面影片
21.77mm × 16.50mm 21.77mm × 13.12mm	1.66 ：1	遮幅法的非变形画面

任何事物都不是永恒不变的。在35 mm电影流行后，由于家庭娱乐的需要，20世纪20年代出现了一种非商业性的窄胶片片种——16 mm胶片，它具有小巧轻便、节省胶片、价格便宜等特点。刚开始，16 mm电影是由35 mm电影缩印得到的，并在专门的16 mm电影放映机上放映。随着电影胶片质量的提高以及16 mm本身的特点，它不仅为业余电影爱好者所使用，而且广泛用于专业电影，尤其是新闻纪录、军事、科教以及医学卫生等影片的拍摄中。

大约在1935年，由于胶片质摄的进一步提高，又出现了8 mm片种，由于幅面积大大缩小，使得能记录的信息量大大减少，影像质量无法和35 mm专业影片媲美，只能用于业余爱好。

为解决8mm片的影像质量问题，美国在20世纪60年代末推出了8mm的改进型片种，称为Super 8 mm（超8mm）。其片宽与8mm一样，它通过改变片孔的大小和位置，使画面面积比8mm胶片扩大了50%。

后来，人们在16 mm胶片基础上舍弃了一排片孔，并且没有声音轨道，使得其有效面积比16 mm扩大了40%，这就是超16 mm胶片（S16片型）。

在国际上发展超8 mm胶片的同时，我国也开发了一种适合我国牧区放映的8.75 mm片型。

从经济、轻便和容易普及等因素来看，窄胶片有其优势，但从艺术追求和美学欣赏的角度来看，电影的画幅却是越大越好。同时，电影业的竞争也促使电影业寻找画面质量更高、更吸引观众的电影形式。在这种背景下，出现了70 mm片型，尽管其视觉效果得到了观众的青睐，但经济上是当时市场难以接受的，因此并没有像35 mm胶片那样立即盛行起来。

（四）宽银幕电影

为了提高宽高比，人们在35mm胶片上推出了宽银幕电影。宽银幕电影分为两个系列：第一种是在摄影机上加装变形镜头，使拍摄的画面横向压缩，纵向不变，放映时候在放映机镜头前也加装变形镜头，使图像展开并复原到原来的比例，以形成宽银幕效果，这种电影成为变形宽银幕电影；第二种是在片窗（摄影机或放映机）处上、下各遮挡一部分，使画面的宽高比变大，放映时用短焦距镜头展开画面，达到宽银幕效果，这种宽银幕称为遮幅宽银幕。

第六章 生物特征识别与智能感知技术

第一节 生物特征识别技术概述

一、生物特别识别技术综述

传统的识别技术是检测标识一个人身份的事物，但是传统的身份识别技术有其固有的缺点：个人的物品有可能会丢失，密码有可能会遗忘或被别人窃取，并且传统的身份识别技术无法区分真正的用户和取得用户标识的冒名顶替者。由于传统身份识别技术的缺点，新的身份识别技术一直就是研究的热点，而基于生物特征的身份识别技术也得到了广泛的研究与应用。与传统的身份识别方法相比，生物特征自身具备广泛性、稳定性和唯一性，由此产生的生物特征识别技术具有不易遗忘、防伪性能好、不易伪造或被盗、随身"携带"和随时随地可用等优点，目前已经成为身份识别的重要手段，在一些领域得到了应用。以电子计算机和其他先进科学技术为主要手段发展起来的指纹识别、声纹识别、面部识别、虹膜识别、DNA 识别、体味识别等诸多现代生物特征识别认证技术，是基于指纹、人脸、虹膜等生物信号来验证用户身份的认证技术。基于生物特征识别的算法具有很高的准确度，在当今警察探案、法官断案、安全防范、安全检查等许多领域都发挥着不可替代的作用，并且有极其广阔的发展前景。

生物识别技术是指依据每一个人独有的可以采样和测量的生物学特征或行为学特征而进行的个体识别和个体认定技术，亦称生物特征识别技术或生物统计学识别技术。在理想情况下，可以用来进行身份识别的生物特征应包括以下几个特点。

（1）广泛性：每个人都应该具有这种生物特征。

（2）唯一性：每个人具有的这种生物特征应该各不相同。

（3）稳定性：随着时间的推移，这种生物特征不会发生很大的变化。

（4）便于采集：这种生物特征可以较为方便地采集。

当应用于一个生物特征身份识别系统时，还应该满足下面的一些要求。

（1）识别率的要求：所选择的生物特征能够达到较高的识别率。

（2）可接受性的要求：使用者能够接受所选择的生物特征的身份识别系统。

（3）效率的要求：所需时间较短，具有较高的识别效率。

（4）安全性要求：系统能够防止被攻击，避免被欺诈的方法骗过。

（5）价格的要求：系统的成本价格不应过高。

目前人们正在使用和研究的用于身份识别的生物特征主要包括：指纹（fingerprint）、掌纹（palmprint）、虹膜（iris）、脸相（facial feature）、耳塑（ear）、DNA（deoxyribonucleicacid，人体细胞遗传基因）、语音（voice）、签名（signature）、笔迹（handwriting）、步态（step）等。所谓生物特征身份识别技术，就是通过计算机与光学、声学、生物传感器和生物统计学原理等高科技手段密切结合，利用人体固有的生理特性（如指纹、人脸、虹膜等）和行为特征（如笔迹、声音、步态等）来进行个人身份的鉴定。和传统的身份识别方法相比，生物特征自身具有广泛性、稳定性和唯一性，由此产生的生物特征识别技术具有不易遗忘、防伪性能好、不易伪造或被盗、随身"携带"和随时随地可用等优点，目前已经成为身份识别的重要手段，在一些领域得到了应用。

在现代社会里，远程用户认证已经变得十分普遍。一个认证系统的不可靠性将给公司或者企业带来不可估量的损失，如数据泄密、拒绝服务等。特别是对一些远程认证系统来说，其安全性问题更加突出。传统的认证手段如ID卡、个人识别码（personal identification number）、口令等存在容易遗忘、丢失、可共享等缺陷。并且这些认证手段都不能将用户本人和识别相结合，如这些系统只通过ID和密码的认证，其可靠性得不到保证。而生物认证识别系统是通过利用个体特征的生理或各行为特征来进行验证，因而避免了"认卡不认人"等传统隐患。生物特征信息很难被简单复制或者数据共享，它本身包含的丰富信息比密码更适合于认证，毕竟相同长度的数据段，生物特征更易于识别且不需要记忆。由于生物特征识别的巨大优势，国内外研究者在各种识别算法的研究上做了很多的工作，如指纹识别、人脸色别、虹膜识别、语音识别等，并且这些识别算法的准确率在一定条件下可以高达99%。因此，生物识别系统在金融领域、电子商务、出入境检测、罪犯识别等方面都得到了很好的应用。

研究者重点关注的是如何最大限度地提高系统的识别率，也就是说精确度，而忽视了系统本身存在的安全性。但是一个生物特征识别认证系统即使具有 100% 的识别认证能力，如果它自身的安全问题和用户的隐私等得不到应有的保障，也不会得到用户认可而被推广应用。特别是对于安全性要求比较高的应用，如电子商务领域，如果合法用户的生物特征信息泄露或者非法用户通过某种手段获取了该用户的生物特征，那么该非法用户就获得了本应是授权用户才有的相应权限。即使该系统具有很高的识别率，它也不会拒绝一个非法用户的正常登录。

另外，用户对自己隐私的关注程度日益增强，特别是指纹、人脸等不易更改的敏感信息。例如，用户只有 10 根手指，其指纹信息的容量相比密码等其他认证手段要少得多。假如这些信息被盗取，那么该用户在所有使用该系统的指纹信息都得重新注册。而这与信用卡或者密码丢失只需重新办理或注册相比，生物特征这一特性也使得研究者在设计生物认证系统过程中要充分考虑到用户对隐私保护的要求。

国际上就如何增强生物特征识别系统的安全性、生物特征模板保护等已有很多研究。从已有的研究报道来看，这些工作主要集中在以下几方面：多模态生物特征融合识别认证技术研究，主要用于提高系统的识别率和增强系统的安全性；生物特征模板保护技术研究，主要用于隐私保护和提高系统的安全性；生物特征模板的安全传输技术，主要解决网络环境下生物特征信息的压缩、安全传输等问题，保护用户隐私，提高安全性等。

二、生物特征识别技术的分类

（一）指纹识别技术

指纹识别技术是指依据人的指纹特征或其所留印痕特征而对人身进行识别和认定的技术。

指纹即人的手指指肚表面皮肤上的纹理花纹，虽人皆有之，却各不相同。世界上任何种族、民族的男女老少、父母子女、兄弟姐妹，甚至是相貌极为相似的孪生兄弟姐妹之间的指纹，都存在本质的差异，同一个人的十个手指的指纹，也各有差异。这种差异主要表现在指纹纹线中的许多细节特征的不同以及由这些细节特征构成的整体综合关系的特征，如纹线中的勾、眼、桥、棒、点、隆凸、凹陷、弯折、交叉、错位、串联以及三角、皱褶纹、伤疤等特征的具体形态、大小、方向、角度、位置、数量及相互关系的不同等。指纹的这种唯一性或排他性为指纹识别技术的建立和发展提供了可靠有力的科学依据。不仅如此，指纹还具有终生不变的稳定性。指纹的形态结构和细节特征的总体布局等保持不变。并且指纹本身还具有再生的能力，即皮肤的表皮层若受到磨损或剥脱能很快恢复原状。个体指纹的这种终生不变的稳定性，为指纹识别技术的建立和发展创造了极为重要的客观条件。随着现代科学技术的发展，指纹识别技术尤其是指纹自动识别技术不仅在警察探案和法官断案等活动中继续发挥着不可替代的作用且它已开始被广泛地应用在出入口控制、信息编码、银行信用卡、重要证件防伪等许多领域的管理工作中。电子指纹档案在西方发达国家已经十分盛行，尤其是近年来由于互联网络的广泛使用，指纹档案和指纹识别技术的应用更加广泛。

指纹图像处理的流程大致包括指纹图像数据的采集、预处理、细节特征提取、匹配并给出结果等。

指纹的采集方法可以通过传统的油墨按捺进行采集，但是这种采集方法得到的指纹图像质量多、噪声多，难以用计算机进行自动识别，只能进行人工比对。现今普遍采用光电式的指纹采集仪，该方法利用光的全反射原理，将指纹图像转化为数字图像，该方法采集的速度快、成本低，得到的图像质量高，适于用计算机进行自动处理，因而在现阶段得到了广泛应用。

由于采集方法的限制，采集到的指纹图像不可避免存在各种各样的噪声。预处理的过程就是将这些引入的噪声尽可能地删除，为更好、更精确地提取指纹细节特征做准备。另外，在预处理的过程中采用哪种相应的处理算法还是人们努力的方向。预处理的目的就是为了在特征提取时能够更准确、更快速定位指纹的细节特征点，有些预处理算法结果尽管在视觉上表现得相当不错，但是这种视觉上的改善并不一定能带来匹配速度上的提高，因为这与所选用的匹配算法还有相当大的关系。并且效果比较明显的预处理算法在时间上的花费也是比较大的，这就使得在不回的算法中要行所取舍，根据不同的应用场合合理地选用。

指纹图像的预处理包括以下几个部分：指纹图像的前后背景分离、求取指纹的纹线宽度、指纹图像增强、指纹图像滤波、求取方向图、提取中心点和三角点、二值化、细化等。

（1）指纹图像的前后背景分离：将有效的指纹前景区从图像中分离出来。

（2）求取指纹的纹线宽度：指纹图像是一种典型的纹理结构图像，纹线方向和纹线距离（纹线频率）是描述这种纹理结构的主要参数，是指纹图像的固有属性。在指纹滤波或指纹增强技术中，纹线距离往往是作为一个基本的参数来使用的。此外，指纹图像的平均纹线距离还可用于指纹比对和指纹分类。

（3）指纹图像增强：增加脊和谷的对比度，在保持边缘信息的基础上增强边缘信息。

（4）指纹图像滤波：尽可能消除引入的噪声。

（5）求取方向图：方向信息是指纹图像最明显的信息特征，方向场快速准确地提取能够明显改进整个系统的速度。求取方向图和滤波都属于图像增强的一部分，之所以单独作为一个部分是因为在图像增强中，滤波和求方向图是最为重要的两个部分。基于方向信息的滤波往往能起到比较明显的增强效果。因此，各种滤波器函数结合方向信息对局部的指纹图像进行滤波也成为图像增强算法中研究的一个重要方向。例如，基于加博（Gabor）函数的指纹增强方法就是利用加博函数具有最佳时域和频域连接分辨率，是唯一能够达到时频测不准关系下界的函数的特点，利用局部区域内纹线的频率和信息，对每个局部区域构建相应的模板进行增强，从而有效去除噪声，保存和突出真正的纹线结构。

（6）提取中心点和三角点：指纹图像的中心点和三角点是指纹最重要的特征。准确地提取中心点和三角点进而对指纹进行粗分类，不论后期采用哪种匹配算法，都可以有效提高匹配速度。在以往的匹配算法中，特征点集中基准点的选择是很困难的，这使得在匹配时对图像进行扭转难以达到理想的效果。如果在前期预处理过程中就准确地提取中心点和三角点，那么就会降低匹配算法的时间复杂度，改进模式匹配的匹配速度。

（7）二值化：将指纹图像由原来的灰度图像转为只有 0 和 1 二值信息的图像，以便对图像进行细化处理。二值化的方法有很多，最简单的就是取 128 作为阈值（灰度级为 8），但是这种最简单的方法也最难满足应用要求，不能适应指纹图像不同部分的灰度变化。改进的二值化方法可以对指纹图像进行分块自适应二值化处理，即将指纹图像分成多个块，对每一块统计灰度变化的数学期望和方差，计算出阈值；还可以基于最大类间方差的方法计算阈值，计算全局的统计特征。

（8）细化：指纹图像细化的目的是将图像变为单像素连通图。细化效果的好坏直接影响能否准确提取细节特征。不同的细化算法的时间复杂度也有所差别，选择合适的细化算法对系统尤为重要。

指纹分类主要是根据指纹中的两类特殊结构 core 点和 delta 点的数目和位置不同，而将指纹划分为不同的类型。一般在指纹自动识别技术中只使用两种细行特征点：端点和分叉点。其他类型特征点出现的概率很小。纹线端点指的是纹线突然结束的位置，而纹线分叉点则是纹线突然一分为二的位置。这两类特征点在指纹中出现的机会最多、最稳定，比较易获取。根据中心点和三角点的个数以及细节特征点的位置，可以通过点模式匹配或基于曲线拟合的方法进行模式匹配，但是这种方法要求指纹匹配算法具有比较好的鲁棒性，以适应因为伪特征点的存在、真特征点的丢失以及基准点定位偏差所引起的拒识和误识。

在我国，近年来根据指纹识别技术开发推出的软件主要有指纹考勤系统、指纹门禁系统、指纹网络安全系统、指纹健康体检系统、指纹电子档案系统、指纹银行保管系统、指纹养老金领取系统、指纹高考管理系统、指纹人类精子库管理系统等。可以说，现代指纹识别技术被认为是理论成熟、科学性强、实践应用广泛、发展前景广阔的一项生物识别技术，尤其是指纹自动识别技术正在形成一个全新的技术领域和产业，并蕴藏和创造着巨大的商机。

（二）人脸识别技术

人脸色别技术是根据人的面部特征的唯一性进行的个体识别和确认技术。人的面部特征的唯一性，可以在脸上某单一器官或部位上得以体现，更重要的是可以在这些单一特征之间的位置、距离、角度、数量、形状和模式等相互关系上得以体现。并且这些面部特征都具有一定的稳定性。当验证某人的身份时，只要通过某种设备摄录下他的面部生物学特征，与事先已经储存着的相关样本特征进行比较，几秒钟内即可完成识别。同许多生物识别技术一样，人的面部识别技术是近几年在全球范围内迅速发展起来的一项安全技术。它是依靠面部的二维或三维图像处理和模式识别来实现鉴别或验证个体身份目的，具有非接触性、对被识别对象侵扰少和识别手段隐蔽等特点，在反恐、跟踪、追逃、打拐、出入口控制、银行管理等许多领域都有独特的应用价值。

1. 人脸识别的研究内容

人脸识别主要分为人脸检测、人脸特征提取和人脸识别3个过程。

（1）人脸检测（face detection）。人脸检测就是给定任意图像，确定其中是否存在人脸，如果有，给出人脸的位置、大小等状态信息。人脸检测主要受到光照、噪声、姿态以及遮挡等因素的影响，人脸检测的结果直接关系到后面两个过程的准确性。近年来，人脸检测已成为独立的研究课题，受到研究者的关注。

（2）人脸表征（face representation）。人脸表征就是提取人脸的特征，是将现实空间的图像映射到机器空间的过程。人脸的表征具有多样性和唯一性，只有保持这种多样性和唯一性，才能保证人脸图像的准确描述和识别。人脸图像信息数据量巨大，为了提高检测和识别的运算速度，提高图像传输和匹配检索速度，必须对图像进行数据压缩，降低向量维数，即用尽可能少的数据表示尽可能多的信息。人脸表征在提取人脸特征的同时，也实现了对原始图像的数据降维。

（3）人脸识别（face recognition）。人脸识别就是将待识别的人脸与已知人脸进行比较，得出相似程度的相关信息。这里所指的人脸识别是狭义的识别，是统称的广义人脸识别的一个子过程。人脸识别又分为两类：一类是确认（verification），它是一对一进行图像比较（comparison）的过程，回答你是不是你本人的问题（Are you who you say you are?）；另一类是辨认（identification），它是一对多进行图像匹配比对（matching）的过程，回答你是谁的问题（Who are you?）。人脸确认是人脸辨认的简单化，人脸辨认比人脸确认要复杂困难得多，因为人脸辨认系统涉及大批量数据的比对。在海量数据的检索比对中，识别精度和检索时间是至关重要的指标，因而这一过程的核心是选择适当的人脸表征方式和匹配策略。

2.人脸检测与定位方法及其发展动态

从一幅图像中找到人脸，大体上有以下四种方法。

（1）基于知识的方法（knowledge-based methods）。基于知识的方法是基于规则的人脸检测方法，规则来源于研究者关于人脸的先验知识。它将典型的人脸形成规则库，对人脸进行编码。通常，通过面部特征之间的关系进行人脸定位。一般比较容易提出简单的规则来描述人脸特征和它们的相互关系，如在一幅图像中出现的人脸，通常具有互相对称的两只眼睛、一个鼻子和一张嘴。特征之间的相互关系可以通过它们的相对距离和位置来描述。在输入图像中首先提取面部特征，确定基于编码规则的人脸候选区域。

（2）特征不变方法（feature invariant approaches）。该算法的目的是在姿态、视角或光照条件改变的情况下找到存在的结构特征，然后使用这些特征确定人脸。基于特征的方法可以从已有的面部特征及它们的几何关系进行人脸检测。它寻找人脸的不变特征用于人脸检测，即先检测人脸面部特征，然后推断人脸是否存在。对于面部特征，如眉毛、眼睛、鼻子、嘴和发际，一般利用边缘检测器提取，根据提取的特征，建立统计模型，描述特征之间的关系并确定存在的人脸。基本特征的算法存在的问题是，由于光照、噪声和遮挡等使图像特征被严重地破坏，人脸的特征边界被弱化，阴影可能引起很强的边缘，而这些边缘可能使得算法难以使用。

Sirohey提出了从复杂的背景中分割人脸进行人脸色别的定位方法。它使用边缘图和启发式算法来去除和组织边缘，而只保存一个边缘轮廓，然后用一个椭圆拟合头部区域和背景间的边界。

Graf等人提出定位灰度图像的面部特征和人脸的检测方法。在滤波以后形态学的方法增强具有高亮度、含有某些形状（如眼睛）的区域。

　　Leung 等人提出一种基于局部特征检测器和任意图匹配的概率方法，在复杂场景中定位人脸，其目标是找到确定的面部特征的排列。典型的人脸用五个特征（两只眼睛、两个鼻孔和鼻子与嘴唇的连接处）来描述。

　　Yow 和 Cipolla 提出了一种基于特征的方法。在第一阶段，应用了二阶微分 Gaussian 滤波器，在滤波器响应的局部最大点检测感兴趣的点，指出人脸特征可能的位置；第二阶段，检查感兴趣点周围的边缘并将它们组成区域。这种方法的优点是可以在不同的方向和姿态上检测人脸。

　　Han 等人提出了使用一种基于形态学的技术进行眼部分割，进而实现人脸检测的方法。他们认为，眼睛和眼眉是人脸最突出和稳定的特征，特别适合人脸检测。

　　彭进业等人提出了一种在图像的反对称双正交小波分解数据域中，实现多尺度对称变换的方法，并将它应用于脸部图像中主要特征点的记位。

　　王延江等人提出了一种快速的彩色图像中复杂背景下的人脸检测方法，其方法旨在先对彩色图像中 4 人的肤色相似的像素进行聚类和区域分割，然后利用小波分解对每一个候选区域进行人脸特征分析，如所检测到的区域特征分布与某一预先定义的人脸模型相似，则确认该区域代表人脸。

　　在人脸检测和手的跟踪等许多应用中，已经使用了人类的皮肤颜色作为特征。虽然不同的人有不同的皮肤颜色，研究表明主要的不同在于它们的亮度而不是它们的色度。标注皮肤像素的颜色空间包括 RGB、规格化的 RGB、HSV（或 HIS）、YCrCb、YIQ、YES、CIKXYZ 和 CIKLUV。人们已经提出了许多方法用于构建颜色模型。最简单的模型是使用 Cr、Cb 值定义一个皮肤色调像素区域，也就是 R(Cr,Cb)，从皮肤颜色像素得到样本。仔细选择阈值 [Cr_1。Cr_2] 和 [Cb_1。Cb_2]，如果像素值（Cr，Cb）满足 $Cr_1 \leqslant Cr \leqslant Cr_2$，$Cb_1 \leqslant Cb \leqslant Cb_2$ 就被分类到皮肤色调中。

　　（3）模板匹配方法（template matching methods）。存储几种标准的人脸模式，用来分别描述整个人脸和面部特征；计算输入图像和存储的模式间的相互关系并用于检测。在模板叫配的方法中，首先将脸模式（一般为正曲脸模式）参数化，用一函数来定义脸模式，然后计算输入图像与脸模式中脸的轮廓、眼、鼻、嘴各部分的相关值。根据这些相关值可确定输入图像中是否存在人脸及其位置。这种采用固定模板的方法优点是简单、易于实现，缺点是无法处理图像中脸部尺寸、姿态、形状的变化。随后，为了克服这一缺陷，相继又提了多精度、多尺度、子模板和可变形模板等方法。

　　（4）基于外观的方法（appearance-based methods）。与模板匹配方法相反，该方法从训练图像集中进行学习从而获得模塑（或模板），并将这些模型用于检测。这类人脸检测方法主要使用了统计分析与机器学习技术来找出与人脸图像和非人脸图像相关的特性，所取得的特性以分布模型或判别函数的形式被用来检测人脸。同时，对问题的特征数据数量进行降维以减少计算量、提高检测功效。这类方法主要可分为特征脸方法、基于分布规则方法以及神经网络与支持向量机方法。

面部识别技术并非万能的，其性能和准确率尚需提高，如对双胞胎（指单卵双胞胎）的识别或面部整容、整形前后之个体的识别都是较为困难的。但是，如果这一技术能够与其他技术（如面部皮肤热成像识别技术）相互配合应用，其效果应该更为理想。人的血液细胞会沿着皮下血管产生一种热模式，即血管正上方的皮肤温度总是略高于周边部位，由此产生的等热线与指纹一样具有个体唯一性。何况人的皮肤下面有许多血管，两个血管完全相同的人是不存在的。根据这一原理，利用红外摄像技术发现皮肤温度的细微变化而进行的血管识别（个体识别）的技术即为皮肤热成像识别技术，或称热成像技术。这一技术甚至能够把肉眼难以分辨的双胞胎区分开来，并且不仅可以对人的面部进行观察，还可以在较远的距离对人的全身实施成像。人可以对自己进行各种化装或伪装，以躲避普通摄像机的监视，但却逃脱不了红外线系统的跟踪，因为人不可能改造或取走自己的血管。

三、虹膜识别

虹膜是位于瞳孔和巩膜之间的环状区域。与其他的生物特征相比，虹膜识别具有以下特性：高独特性，虹膜纹理结构是随机的，其形态依赖于胚胎期的发育；高稳定性，虹膜可以保持几十年不变，并且不受除光线之外的周围环境的影响；防伪性好，虹膜本身具有规律性的震颤以及随光强变化而缩放的特性，可以识别出图片等伪造的虹膜；易使用性，识别系统不与人体相接触；分析方便，虹膜固有的环状特性提供了一个天然的极坐标系。

在各种虹膜识别算法中，以 Daugman 和 Wildes 提出的算法最为经典，大多数商业系统都是基于这两种算法。虹膜识别算法包括：虹膜定位、虹膜对准、模式表达、匹配决策。

（1）虹膜定位：将虹膜从整幅图像中分割出来。为此，必须准确定位虹膜的内外边界，检测并排除侵入的眼睑。典型的算法是利用虹膜内外边界近似环形的特性，应用图像灰度对位置的一阶导数来搜索虹膜的内外边界。

（2）虹膜对准：确定两幅图像之间特征结构的对应关系。Daugman 将原始坐标映射到一个极坐标系上，使虹膜组织间的一部位映射到这个坐标系的同一点；Wildes 算法应用图像配准技术来补偿尺度和旋转的变化。

（3）模式表达：为了捕获虹膜所具有的独特的空间特征，可以利用多尺度分析的优势。Daugman 利用二维 Gabor 子波将虹膜图像编码为 256 字节的"虹膜码"。Wildes 利用拉普拉斯—高斯滤波器来提取图像信息。

（4）匹配决策：Daugman 用两幅图像虹膜码的汉明距离来表示匹配度，这种匹配算法的计算量极小，可用于在大型数据库中识别。Wildes 是计算两幅图像模式表达的相关性，其算法较复杂，仅应用于认证。

四、掌纹识别

与指纹识别相比，掌纹识别的可接受程度较高，其主要特征比指纹明显得多，并且提取时不易被噪声干扰。另外，掌纹的主要特征比手形的特征更稳定和更具分类性，因此掌纹识别是一种很有发展潜力的身份识别方法。手掌上最为明显的 3~5 条掌纹线，称为主线。在掌纹识别中，可利用的信息有：几何特征，包括手掌的长度、宽度和面积；主线特征；褶皱特征；掌纹中的三角形区域特征；细节特征。目前的掌纹认证方法主要是利用主线和皱褶特征。可以从掌纹特征抽取和特征匹配两方面来概述掌纹识别算法。

（1）掌纹特征抽取：一是抽取特征线；二是抽取特征点。抽取特征线的优势在于可以用于低分辨率和有噪声的图像，抽取特征点的好处是抽取的速度快。

（2）掌纹特征匹配：对应于掌纹特征的抽取，特征匹配分为特征线匹配和特征点匹配。特征线匹配是计算两幅图像对应特征线参数之间的距离，特征点匹配是两幅图像的两个点集之间的几何对准过程。

五、声音识别

声音识别是一种行为识别技术，同其他的行为识别技术一样，声音的变化范围比较大，很容易受背景噪声、身体和情绪状态的影响。一个声音识别系统主要由 3 部分组成：声音信号的分割、声音特征抽取和说话人识别。

（1）声音信号的分割：目的是将嵌入声音信号中的重要语音部分分开，通常采用以下几种方法：①能量阈值法；②零交叉率和周期性的测声音信号倒频谱特征的矢量量化；③与说话人无关的隐马尔可夫模型。

（2）声音特征抽取：人的发声部位可以建模为一个由宽带信号激励的时变

滤波器，大部分的语音特征都与模型的激励源和滤波器的参数有关。倒频谱是最广泛使用的语音特征抽取技术，由标准倒谱发展了 mel 整形倒谱和 mel 频率倒谱系数（MFCC）。此外，语音特征参数还包括全极点滤波器的脉冲响应、脉冲响应的自相关函数、面积函数、对数面积比和反射系数。

（3）说话人识别：说话人识别的模型有两种——参数模型和非参数模型。两个主要的参数模型是高斯模型和隐马尔可夫模型（HMM），HMM 是当前最为流行的说话人识别。非参数模型包括参考模式模型和连接模型，参考模式模型将代表说话人的声音模式空间作为模板储存起来，应用矢量量化、最小距离分类器等进行匹配；连接模型包括前馈和递归神经网络，多数神经网络被训练作为直接将说话人分类的判决模型。

六、视网膜识别

每个人的视网膜图纹都是不同的，视网膜具有四通八达的毛细血管网，即临床医生观察眼底诊病的眼底血管图，绝无完全相同的两个眼底血管图，如果某个体眼底血管有先天或后天变异，血管或眼底发生病变，则更增添了鉴别的特殊标志。因此，在法庭医学上将眼底视网膜血管图视为个人识别的优选方法之一。视网膜读取器感知人眼后面的视网膜脉络模式时，使用者的眼睛与设备应在 15 mm 之内，并且在读取图像时，眼睛必须处于静止状态，经过预处理和特征抽取可获得 400 多个特征点，构成匹配模式和完成确认。视网膜是一种极其稳定的生物特征，因为它是"隐藏"的，不会被伪造，使用时不需要和设备进行直接的接触。缺点是视网膜扫描时可能会给使用者带来健康的损伤，也很难降低它的成本。同时视网膜扫描对戴着隐形眼镜或闭着眼睛的照片都不能进行精确识别，眼镜的反光同样会影响视网膜识别。

七、识别

DNA（脱氧核糖核酸）分子里存在生物的全部遗传信息，根据 DNA 有不同个体的差异性和同一个体的一致性原理，可以利用 DNA 来进行身份识别。除了对某些双胞胎个体的鉴别可能失效外，这种方法具有绝对的权威性和准确性。DNA 模式在身体的每一个细胞和组织都一样，不必像指纹那样必须从手指上提取。DNA 识别的主要问题是使用者的伦理问题和实际的可接受性。DNA 识别必须在实验室中进行，实时性差、耗时长，这就限制了 DNA 识别技术的使用。另外，某些特殊疾病也可能改变人体 DNA 的结构。

八、签名识别

签名识别作为一种行为识别技术，目前主要用于认证。签名认证按照数据的获取方式可以分为离线（off-line）认证和在线（on-line）认证两种。离线认证是通过扫描仪获得签名的数字图像；在线认证是利用数字写字板或压敏笔来记录书写签名的过程，从而获得手写签名的图像、笔顺、速度和压力等信息。离线数据容易获取，但是它没有利用笔画形成过程中的动态特性，此在线签名容易被伪造。签名图像中的端点、交叉点及弯曲都可以作为签名识别的特征点，反映了签名的几何变化。目前已提出的签名认证方法可以分为 3 类：模板匹配的方法、隐马尔可夫模型（HMM）方法和谱分析法。模板匹配的方法是计算被测签名和参考签名的特征矢量间的距离进行匹配；HMM 方法是将签名分成一系列的帧或者状态，然后将其与从其他签名中抽取的对应状态进行比较；谱分析法是利用倒频谱或对数谱对签名进行认证。针对中文笔迹，朱勇等还提出了一种与内容无关的纹理识别方法，即把手写笔迹作为一种纹理来看待，采用多通道二维 Gahor 滤波器来提取这些纹理的特征，并使用加权欧氏距离分类器来完成匹配工作。

九、声纹识别

每个人都有自己的发音器官特征以及说话时特殊的语言习惯，这些都反映在声音信号中。声纹识别，即说话人识别，是根据语音波形中反映说话人的生理、心理和行为特征的语音参数来动识别说话人身份的技术。声音的识别设备不断地测量、记录声音的波形和变化，消除噪声后通过 LPC 分析得到倒谱系数、差值倒谱系数、基因频率及差值基音频率等特征参数，将采集到的声音同登记过的声音模式匹配，从而鉴别出说话人。一个声纹识别系统主要由三部分组成：声音信号的分割、特征提取和说话人识别。说话人识别模型可分为参数模型和非参数模型。参数模型中以 HMM 最常使用，它能够较好地描述动态时间序列；非参数模型中最常使用人工神经网络（ANN），其静态分类能力较强。这些模型的使用并非完全独立，也可以结合起来使用，如 Trntin 等结合 HMM 和 ANN 应用于说话人识别。

十、步态识别

步态识别是生物特征识别技术的一个新兴领域。步态可在被观察者没有觉察的情况下，从任意角度进行非接触性的感知和度量。因此，从视觉监控的观点来看，步态是远距离情况下最有潜力的生物特征。步态识别旨在从相同的行走行为中寻找和提取个体之间的变化特征，以实现自动的身份识别，它是融合计算机视觉、模式识别与视频/图像序列处理的一门技术。比较有代表性的方法有 Murase 等，采用时空相关匹配的方法来区别不同的步态；Huang 等通过增加正则分析对其进行了改进和扩展；Shutler 提出了一种基于时间矩的统计步态识别算法；王亮等提出了一种基于统计主元分析的不太识别算法。

十一、各种生物特征识别技术的比较

从上面的概述可以看到，每种生物特征识别技术都有自己的优势和不足，表 6-1 是它们的一些对比。

表6-1　各种生物特征识别技术的比较

生物特征	普遍性	独特性	稳定性	可采集性	性能	可接受性	防欺骗性
指纹	中	高	高	中	高	中	中
虹膜	高	高	高	中	高	低	高
人脸	高	低	中	高	低	高	低
视网膜	高	高	中	低	高	低	高
手形	中	中	中	高	中	中	中
掌纹	中	高	高	中	高	中	中
DNA	高	高	高	低	高	低	高
签名	低	低	低	高	高	低	高
声纹	中	低	低	高	低	高	低
步态	中	低	低	高	低	高	低

选择一个特定的生物特征识别技术主要依赖于具体的应用，没有一种技术能够在所有方面胜过其他的技术，从这个意义上说，每种技术都是可以采纳的。例如，指纹和虹膜识别在准确性和速度上优于声音识别，然而在电话计账系统中，声音识别却是一个好的选择，因为它能够很好地集成到现有的电话系统中。

十二、多生物特征识别

在对准确性和安全性的要求日益提高的今天，如果将两种或两种以上的生物特征结合，将会使识别系统的性能得到很大提高。多生物特征识别技术就是结合多种生理或行为特征进行人的身份识别的技术。在多生物特征识别系统中，需要考虑两方面的问题：一是不同生物特征的选择和实现；二是多种生物特征信息的融合。

多生物特征信息的融合可以在下面三个层次中的任意一层进行。

（1）数据层融合，即在原始信号未做预处理之前进行的综合分析。然而，对于计算机处理而言，由于数据的大量性、特征的复杂性以及数据之间的强关联性等，使得直接利用原始数据的融合很难。

（2）特征层融合，输入数据经过前端处理后，对于每种生物特征分别得到其特征描述向量，然后经过特征融合的处理，将多个低维的特征描述向量合并形成更高维的联合特征向量参数。

（3）决策层融合，决策级融合是在最高层上进行的融合，在各个传感器单独决策后，按一定准则做出全局的最优决策。现有的关于多生物特征信息融合的研究主要集中在决策研究方面。

Dieckmann 等利用人脸、唇部运动及声纹"2-from-3"投票方法进行决策。Brimd li 等利用超基函数（HyperBF）网络融合声纹和人脸特征，取得了较好的识别效果，该方法的实现难点在于需要准确构建正负样本集和选择若干映射参数。Duc 等利用监督学习并结合 Bayes 理论的方法融合声纹和人脸进行身份验证，在 M2VST 的 37 个人中进行实验，取每个人 4 个样本，其中 3 个样本作为训练集，第 4 个样本作为测试集，达到 99.5% 的识别率。Jain 等提出了确定每个用户的特定参数的方法，将指纹、人脸的识别结果融合。Ver linde 等提出用 K-NN 方法融合声和视觉特征，取得了较好的效果。Kittler 等提出了融合理论框架并将其分为三层，同时比较了加法准则和乘法准则等算法在融合中的优缺点，证明了应用 Bayesian 网络进行多个同一生物特征融合的有效性。刘红毅等选取指纹和声纹特征进行融合，在传统 K-NN 方法的基础上提出了改进的 ENN 方法，与传统 ENN 相比，认证率进一步提高 2%。如何利用多模态获得最大的信息量，是一个值得关注的研究课题。多生物特征的决策层融合虽然简单可行，但是仅进行决策阶段的研究是不够的，因为在处理过程中忽略了特征之间的关联关系所带来的作用和影响，并且仅着眼于融合算法的讨论，因此还需要研究数据层和特征层的融合。多生物特征识别系统相对复杂，数据存储量大，计算量显著增加，这是它的弱点。但随着计算机技术的高速发展，多生物特征识别技术将得到更进一步的发展，必将成为生物识别技术的发展主流。

第二节　生物特征传感器及智能感知

生物传感器是指由生物活性材料与相应转换器构成，并能测定特定化学物质（主要是生物物质）的传感器。它是近20年来发展起来的一门高新技术。作为一种新型的检测技术，生物传感器的产生是生物学、医学、电化学、热学、光学及电子技术等多门学科相互交叉渗透的产物，与常规的化学分析及生物化学分析方法相比，具有选择性高、分析速度快、操作简单、灵敏度高、价格低廉等优点，在工农业生产、环保、食品工业、医疗诊断等领域得到了广泛的应用，具有广阔的发展前景。

一、生物传感器概述

生物传感器是用生物活性材料（酶、蛋白质、DNA、抗体、抗原、生物膜等）与物理—化学换能器有机结合，将被测物的量转换成电学信号的装置。生物传感器是用以检测与识别生物体内的化学成分，是发展生物技术必不可少的一种先进的检测方法与监控方法，也是物质分子水平的快速、微量分析方法。

（一）生物传感器的基本结构

各种生物传感器具有以下共同的结构：（1）分子识别部分（敏感元件），包括一种或数种相关生物活性材料（生物膜）；（2）转换部分（换能器），即能把生物活性表达的信号转换为电信号的物理或化学换能器。生物传感器基本结构示意图，如图6-1所示。

图6-1中，分子识别部分用以识别被测目标，是可以引起某种物理变化或化学变化的主要功能元件，也是生物传感器选择性测定的基础，而转换部分是实现智能化监测的基础，将二者组合在一起，用现代微电子和自动化仪表技术进行生物信号的再加工，构成各种可以使用的生物传感器分析装置、仪器和系统。

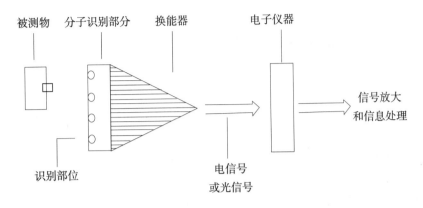

图 6-1　生物传感器基本结构示意图

（二）生物传感器的基本原理

生物传感器的工作原理就是将待测物质经扩散作用进入固定生物膜敏感层，经分子识别而发生生物学作用（物理、化学变化），产生物理、化学现象或产生新的化学物质，再经过相应的信号转换器变为可定量处理的电信号，然后经二次仪表放大并输出，以电极测定其电流值或电压值，从换算出被测物质的量或浓度。生物传感器的基本原理，如图 6-2 所示。

图 6-2　生物传感器原理图

1.化学变化转换为电信号方式

以酶传感器为例，用酶来识别分子，先催化使之发生特异反应，使特定生成物的量有所增减，将这种反应后所产生物质的增与减转换为电信号的装置和间定化酶耦合，即组成酶传感器。常用转换装置有氧电极、过氧化氢。

2.热变化转换为电信号方式

固定在膜上的生物物质与相应的被测物作用时常伴有热的变化。例如，大多数酶反应的热焓变化量在 25~100 kJ/mol 的范围。这类生物传感器的工作原理是把反应的热效应借热敏电阻转换为阻值的变化后，通过有放大器的电桥输入记录仪。

3.光变化转换为电信号方式

萤火虫的光在常温常压下由酶催化会产生化学发光。例如，过氧化氢酶能催化过氧化氢／鲁米诺体系发光，因此如设法将过氧化氢酶膜附着在光纤或光敏二极管的前端，再和光电流测定装置相连，即可测定过氧化氢含量。还有很多细菌能与特定底物发生反应产生荧光，也可以用这种方法测定底物浓度。

4.直接诱导式电信号方式

分子识别处的变化如果是电的变化，则不需要电信号转换器件，但是必须有导出信号的电极。例如，在金属或半导体的表面固定了抗体分子，称为固定化抗体，此固定化抗体和溶液中的抗原发生反应时，则形成抗原体复合体，用适当的参比电极测量它和这种金属或半导体间的电位差，则可发现反应前后的电位差是不同的。

（三）生物传感器的特点

生物传感器工作时，生物学反应过程中产生的信息是多元化的。生物传感器与传统的检测手段相比有如下特点：（1）生物传感器是由高度选择性的分子识别材料与灵敏度极高的能量转换器结合而成的，因而它具有很好的选择性和极高的灵敏度；（2）在测试时，一般不需对样品进行前处理；（3）响应快、样品用量少，可以反复多次使用；（4）体积小，可实现连续的在线监测；（5）易于实现多组分的同时测定；（6）成本远低于大型分析仪器，便于推广普及；（7）准确度和灵敏度高，一般相对误差不超过1%；（8）可进入生物体内。

（四）生物传感器的分类

生物传感器的分类和命名方法较多且不尽统一，主要有两种分类法，即按所用生物活性物质（或称按分子识别元件）分类法和按器件分类法。

按所用生物活性物质不同可以将生物传感器分为五大类，如图6-3所示，即酶传感器、微生物传感器、免疫传感器、组织传感器和细胞器传感器。

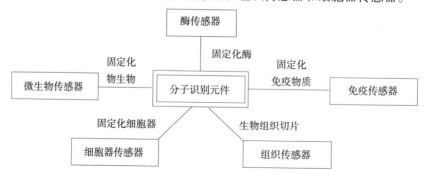

图6-3　生物传感器按所用生物活性物质分类

按器件分类是依据所用变换器器件不同对生物传感器进行分类，有半导体生物传感器、光生物传感器、热生物传感器、压电晶体生物化感器和介体生物化感器。随着生物传感器技术的发展和新型生物传感器的出现，近年来又出现新的分类方法，如直径在微米级并接合为基础的生物传感器统称为亲和生物传感器；以酶压电传感器、免疫传感器为代表，能同时测定两种以上指标或综合指标的生物传感器称为多功能传感器，如滋味传感器、嗅觉传感器、鲜度传感器、血液成分传感器等；由两种以上不同的分子识别元件组成的生物传感器称为复合生物传感器，如多酶传感器、酶—微生物复合传感器等。

（五）生物传感器的应用

生物传感器在国民经济的各个领域有十分广泛的应用，特别是食品、制药、环境监测、临床医学监测、生命科学研究等。测定的对象为物质中化学和生物成分的含量，如各种形式的糖类、尿素、尿酸、胆固醇、胆碱、卵磷脂等。目前，生物传感器的功能已发展到活体测定、多指标测定和联机在线测定，检测对象包括近百种常见的生化物质，在临床、发酵、食品和环保等方面显示出广阔的应用前景。

二、酶传感器

酶是生物体内产生的、具有催化活性的一类蛋白质。酶不仅具有一般催化剂加快反应速度的作用，而且具有高度的选择性，即一种酶只能作用于一种或一类物质，产生一定的产物，如淀粉酶只能催化淀粉水解。酶的这种选择性及其催化低浓度底物反应的能力在化学分析中非常有用，如酶的底物、催化剂、抑制剂以及酶本身的测定。

酶传感器的基本原理是用电化学装置检测酶在催化反应中生成或消耗的物质（电极活性物质），将其变换成电信号输出。酶传感器的电极一般有电流型酶电极和电位型酶电极。其中，电流型酶电极采用的是 O_2 电极、燃料电池电极和 H_2O_2 电极，是将酶催化反应产生的物质发生电极反应所产生的电流响应作为测量信号，得到电流值来计算被测物质；电位型酶电极一般采用 NH_4^+ 电极（NH_3 电极）、H^+ 电极、CO_2 电极等，电位型酶电极是将酶催化反应所引起的物质量的变化转变为电位信号输出。下面以葡萄糖酶传感器为例说明酶传感器的工作原理。

葡萄糖酶传感器的结构，如图 6-4 所示。

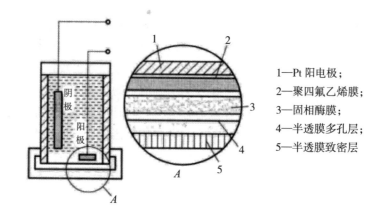

1—Pt 阳电极；
2—聚四氟乙烯膜；
3—固相酶膜；
4—半透膜多孔层；
5—半透膜致密层

图 6-4　葡萄糖酶传感器的结构

图 6-4 中，葡萄糖酶传感器的敏感膜是葡萄糖氧化酶，它固定在聚乙烯酰胺凝胶上，其电化学器件为 Pt 阳电极和 Pb 阴电极，中间溶液为强碱溶液，并在阳电极表面涵盖一层透氧气的聚四氧乙烯膜，形成封闭式氧电极。它避免了电极与被测液直接相接触，防止了电极毒化。如果电极 Pt 为开放式，它浸入蛋白质的介质中，蛋白质会沉淀在电极的表面，从而减小电极的有效面积，使电流下降，从而使传感器受到毒化。

实际应用时，葡萄糖酶传感器安放在被测葡萄糖溶液中。由于酶的催化作用会产生过氧化氢（H_2O_2），其反应式为

$$葡萄糖 + HO_2 + O_2 \rightarrow 葡萄糖酸 + H_2O_2 \tag{6-1}$$

反应过程中，以葡萄糖氧化酶（GOD）作为催化剂。在式（6-1）中，葡萄糖氧化时产生 H_2O_2，它们通过选择性透气膜，在铂（Pt）电极上氧化，产生阳极电流，葡萄糖含量与电流成正比。这样，就测量出了葡萄糖溶液的浓度。例如，在 Pt 阳极上加 0.6 V 的电压，则 H_2O_2 在 Pt 电极上产生的氧化电流是

$$H_2O_2 \rightarrow O_2 + 2H^+ + 2e \tag{6-2}$$

式中，e 为所形成电流的电子。

酶传感器的应用十分广泛，如在食品工业中用来检测氨基酸，医疗中可用来检测葡萄糖、血脂和尿素等。各种酶传感器对应关系，见表 6-2。

表6-2　各种酶传感器对应关系

测定目标	使用的酶	使用电极	稳定性 /d	测定范围 / (mg/ml)
葡萄糖	葡萄糖氧化酶	氧化极	100	$1{\sim}5 \times 10^2$
胆固醇	胆固醇酯酶	铂电极	30	$10{\sim}5 \times 10^3$
青霉素	青霉素酶	pH 电极	7~14	$10{\sim}1 \times 10^3$
尿素	尿素酶	铵离子电极	60	$10{\sim}1 \times 10^3$
磷脂	磷脂酶	铂电极	30	$100{\sim}5 \times 10^3$
乙醇	乙醇氧化酶	氧电极	120	$10{\sim}5 \times 10^3$
尿酸	尿酸氧化酶	氧电极	120	$10{\sim}1 \times 10^3$
L- 谷氨酸	谷氨酸脱氨酶	铵离子电极	2	$10{\sim}1 \times 10^4$
L- 谷酰胺	谷酰胺酶	铵离子电极	2	$10{\sim}1 \times 10^4$
L- 酪氨酸	L- 酪氨酸脱羧酶	二氧化碳电极	20	$10{\sim}1 \times 10^4$

三、微生物传感器

微生物传感器是用微生物作为分子识别元件制成的传感器。微生物传感器与酶传感器相比，更经济，稳定性和耐久性也好。

微生物本身就是具有生命活性的细胞，有各种生理机能，其主要机能是呼吸机能（O_2 的消耗）和新陈代谢机能（物质的合成与分解），还有菌体内的复合酶和能量再生系统等。因此在不损坏微生物机能的情况下，可将微生物用固定化技术固定在载体上制成微生物敏感膜。载体一般是多孔醋酸纤维膜和胶原膜。所以，微生物传感器是由固定化微生物膜及电化学装置组成，如图 6-5 所示。

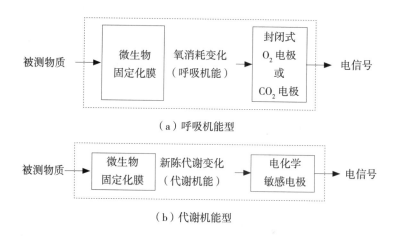

（a）呼吸机能型

（b）代谢机能型

图 6-5　微生物传感器的结构

（一）呼吸机能型微生物传感器

微生物呼吸机能存在好气性和厌气性两种。其中，好气性微生物需要有氧气，因此可通过测量氧气来控制呼吸机能，并了解其生理状态；而厌气性微生物相反，它不需要氧气，氧气存在会妨碍微生物生长，而可以通过测量碳酸气消耗及其他生成物来探知生理状态。由此可知，呼吸机能型微生物传感器是由微生物固定化膜和 O_2 电极（或 CO_2 电极）组成的。在应用氧电极时，把微生物放在纤维性蛋白质中固化处理，然后把固化膜附着在封闭式氧极的透氧膜上。下面以生物化学耗氧量传感器 BOD 为例说明呼吸机能型微生物传感器的工作原理。

生物化学耗氧量传感器 BOD 的结构，如图 6-6（a）所示。

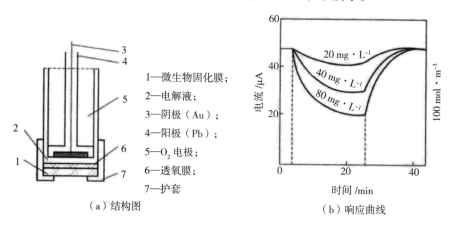

1—微生物固化膜；
2—电解液；
3—阴极（Au）；
4—阳极（Pb）；
5—O_2 电极；
6—透氧膜；
7—护套

（a）结构图

（b）响应曲线

图 6-6　生物化学耗氧量传感器

若把图6-6（a）的传感器放入含有有机化合物的被测溶液中，于是有机物向微生物膜扩散而被微生物摄取（称为资化）。由于微生物呼吸量与有机物资化前后不同，可通过测量 O_2 电极转变为扩散电流值，从而间接测定有机物浓度。生物化学耗氧量传感器 BOD 使用的微生物可以是丝孢酵母，菌体吸附在多孔膜上，室温下干燥后保存待用。测量系统包括：带有夹套的流通池（直径为1.7 cm，高度为0.6 cm，体积为1.4 mL，生物传感器探头安装在流通池内）、蠕动泵、自动采样器和记录仪。

图6-6（b）为这种传感器的响应曲线，曲线稳定电流值表示传感器放入待测溶解铋饱和状态缓冲溶液中（磷酸盐缓冲液）微小物的吸收水平。当溶液加入葡萄糖或谷氨酸等营养膜后，电流迅速下降，并达到新的稳定电流值，这说明微生物在资化葡萄糖等营养源时呼吸机能增加，即氧的消耗量增加，从而导致向 O_2 电极扩散氧气量减少，使电流值下降，直到被测溶液向固化微生物膜扩散的氧量与微生物呼吸消耗的氧量之间达到平衡时，得到相应的稳定电流值。由此可见，这个稳定值和未添加营养时的电流稳定值之差与样品中有机物浓度成正比。

（二）代谢机能型微生物传感器

代谢机能型微生物传感器的基本原理是微生物使有机物资化而产生各种代谢生成物。这些代谢生成物中，含有遇电极产生电化学反应的物质（即电极活性物质），因此微生物传感器的微生物敏感膜与离子选择性电极（或燃料电池型电极）相结合就构成了代谢机能型微生物传感器。以甲酸传感器为例说明代谢机能型微生物传感器的工作原理。甲酸传感器结构示意图，如图6-7所示。

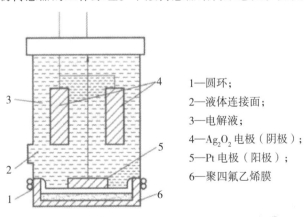

1—圆环；
2—液体连接面；
3—电解液；
4—Ag_2O_2电极（阴极）；
5—Pt 电极（阳极）；
6—聚四氟乙烯膜

图6-7 甲酸传感器结构示意图

图 6-7 中，将产生氢的酪酸梭芽菌固定在低温胶冻膜并把它装在燃料电池 Pt 电极上，Pt 电极、Ag_2O_2 电极、电解液（100 mol/m^3 磷酸缓冲液）以及液体连接组成传感器。当传感器浸入含有甲酸的溶液时，甲酸通过聚四氟乙烯膜向酪酸梭状芽菌扩散，被资化后产生 H_2，而 H_2 又穿过 Pt 电极表面上的聚四氟乙烯脱与 Pt 电极产生氧化反应而产生电流，此电流与微生物所产生的 H_2 含量成正比，而 H_2 含量又与待测甲酸浓度有关，因此传感器能测定发酵溶液中的甲酸浓度。

微生物传感器在发酵工业、石油化工生产、环境保护和医疗检测方面应用很广。例如，氨传感器在环保、发酵工业和医疗卫生等方面，常用于氨的测量；致癌物质探测器可用于检测丝裂 C、N- 三氯代甲基硫、四氢化邻苯二酰亚胺和亚硝基胍等致癌物质。常见的微生物传感器，见表 6-3。

表6-3 常见的微生物传感器

测定项目	微生物	测定电极	检测范围 /（mg/L）
葡萄糖	荧光假单胞菌	O_2	5~200
乙醇	云苔丝孢酵母	O_2	5~300
亚硝酸盐	硝化菌	O_2	51~200
维生素 B_{12}	大肠杆菌	O_2	—
谷氨酸	大肠杆菌	CO_2	8~800
赖氨酸	大肠杆菌	CO_2	10~100
维生素 B_1	发酵乳杆菌	燃料电池	0.01~10
甲酸	梭状芽孢杆菌	燃料电池	1~300
头孢菌素	费式柠檬酸细菌	pH	—
烟酸	阿拉伯糖乳杆菌	pH	—

四、免疫传感器

免疫传感器是利用抗体能识别抗原并与抗原结合功能的生物传感器。它利用固定化抗体（或抗原）膜与相应的抗原（或抗体）的特异反应，此反应的结果使生物敏感膜的电位发生变化。免疫传感器根据所采用转换器种类的不同，可将其分为电化学免疫传感器、光纤免疫传感器、场效应晶体管免疫传感器、压电晶体免疫传感器和表面等离子体共振免疫传感器等。

免疫传感器的基本原理是免疫反应。从生理学可知，抗原是能够刺激动物机体产生免疫反应的物质，但从广义的生物学观点看，凡是能够引起免疫反应性能的物质，都可称为抗原。抗原有两种性能：（1）刺激机体产生免疫应答反应；（2）与相应免疫反应产物发生特异性结合反应。抗原一旦被淋巴球响应就形成抗体，而微生物病毒等也是抗原。抗体是由抗原刺激机体产生的具有特异免疫功能的球蛋白，又称免疫球蛋内。

免疫传感器是利用抗体对相应的抗原的识别和结合的双重功能，将抗体或抗原与转换器组合而成的检测装置，如图 6-8 所示。抗原与抗体一经固定于膜上，就形成了具有识别免疫反应强烈的分子功能性膜。

在图 6-8 中，2、3 两室间有固定化抗原膜，1、3 两室间没有固定化抗原膜。1、2 室注入 0.9% 的生理盐水，当 3 室内导入食盐水时，1、2 室内电极间无电位差。若 3 室内注入含有的盐水时，由于抗体和固定化抗原膜上的抗原相结合，使膜表面吸附了特异的抗体，而抗体是有电荷的蛋白质，从而使固定化抗原膜带电状态发生变化，于是 1、2 室内的电极间有电位差产生。电位差信号放大可检测超微量的抗体。

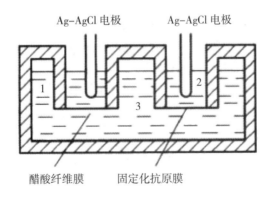

图 6-8　免疫传感器的结构

免疫传感器在医学上有广泛的应用。例如 AFP 免疫传感器，AFP（甲胎蛋白）是胚胎肝细胞所产生的一种特殊蛋白质，是胎儿血清的正常组成成分。健康成人，除孕妇和少数肝炎患者外，血清中测不出 AFP，但在原发性肝癌和胚胎性肿瘤患者血清中可测出。因此，近几年来用检测病人血清 AFP 的方法诊断原发性肝癌。

五、智能传感器

智能传感器是一门现代化的综合技术，是当今世界正在迅速发展的高新技术，至今还没有形成规范化的定义。一般来说，智能传感器是指以微处理器为核心，能够自动采集、存储外部信息，并能自动对采集的数据进行逻辑思维、判断及诊断，能够通过输入／输出接口与其他智能传感器（智能系统）进行通信的传感器。智能传感器是在原传感器的基础上引入微处理机并扩展了某些功能，使之具备了人的某些智能的新概念传感器。

（一）智能传感器的结构

智能传感器视其传感元件的不同具有不同的名称和用途，并且其硬件的组合方式也不尽相同，但其结构模块大致相似，智能传感器的基本结构如图 6-9 所示。

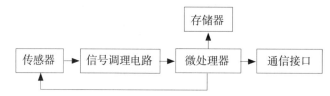

图 6-9　非集成化智能传感器结构

智能传感器一般由以下几个部分组成：（1）一个或多个敏感器件；（2）信号调理电路；（3）微处理器或微控制器；（4）非易失性可控写存储器；（5）双向数据通信的接口；（6）高效的电源模块。

一种智能压力传感器的结构，如图 6-10 所示。

图 6-10 中，在同一壳内既有传感元件，又有信号处理电路和微处理器，其输出方式可以采用 RS-232 或 RS-485 串行通信总线输出，也可以采用 IEEE-488 标准总线的并行输出。把以上这些独立的功能模板安装在一个壳体内就构成了智能传感器。

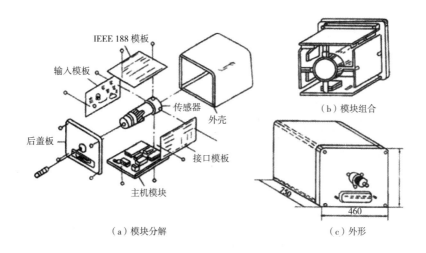

IEEE 188 模板

输入模板

传感器

外壳

后盖板

接口模板

主机模块

（b）模块组合

（a）模块分解

730

460

（c）外形

图 6-10　智能压力传感器的结构

智能传感器按照实现形式可分为非集成化智能传感器和集成化智能传感器两种。

1. 非集成化智能传感器

非集成化智能传感器就是将传统的经典传感器、信号调理电路、微处理器以及相关的输入输出接口电路、存储器等进行简单组合集成而得到的测量系统。在这种方式下，传感器与微处理器可以分为两个独立部分，传感器及变送器将待测物理量转换为相应的电信号，送给信号调理电路进行滤波、放大，再经过模 / 数转换后送到微处理器。微处理器是智能传感器的核心，不但可以对传感器测量数据进行计算、存储、处理，还可以通过反馈回路对传感器进行调节。微处理器可以根据其内存中驻留的软件实现对测量过程的各种控制、逻辑推理、数据处理等功能，使传感器获得智能，从而提高了系统件能。

2. 集成化智能传感器

集成化智能传感器采用大规模集成电路工艺技术，将传感器与相应的电路都集成到同一芯片上，如图 6-11 所示。

由图 6-11 可以看出，集成化智能传感器没有外部连接元件，外接连线数量少，包括电源、通信线可以少至四条，因此接线极其简便。它还可以自动进行整体自校，无须用户长时间反复多环节调节与校验。"智能"含量越高的智能传感器，它的操作使用越简便，用户只需编制简单的主程序。

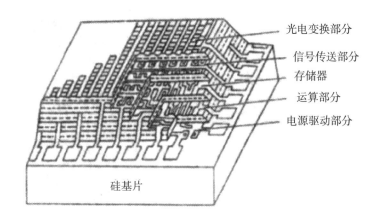

光电变换部分

信号传送部分

存储器

运算部分

电源驱动部分

硅基片

图 6-11 集成一体化的智能传感器

（二）智能传感器的功能与特点

1. 智能传感器的功能

近年来，自动化领域由于智能传感器的引入取得快速发展。智能传感器代表了传感器的发展方向，这种智能传感器带有标准数字总线接口，能够自己管理自己，能将所检测到的信号经过变换处理后，以数字量的形式通过现场总线与上位计算机或其他智能系统进行通信与信息传递。与传统的传感器相比，智能传感器具备以下一些功能。

（1）复合敏感功能。智能传感器应该具有一种或多种敏感能力，如能够同时测量声、光、电、热、力、化学等多个物理或化学量，给出比较全面反映物质运动规律的信息，同时测量介质的温度、流速、压力和密度，测量物体某一点的三维振动加速度、速度、位移等。

（2）自动采集数据并对数据进行预处理。智能传感器能够自动选择量程完成对信号的采集，并能够对采集的原始数据进行各种处理，如各种数字滤波、FFT 变换、HHT 变换等时频域处理，从而进行功能计算及逻辑判断。

（3）自补偿、自校零、自校正功能。为保证测量精度，智能传感器必须具备上电自诊断、设定条件自诊断以及自动补偿功能，如能够根据外界环境的变化自动进行温度漂移补偿、非线性补偿、零位补偿、间接计算等，同时能够利用计量特性数据进行自校正、自校零、自标定等功能。

（4）信息存储功能。智能传感器应该能够对采集的信息进行存储，并将处理的结果送给其他的智能传感器或智能系统。实现这些功能需要一定容量的存储器及通信接口。现在大多智能传感器都具有扩展的存储器及双向通信接口。

（5）通信功能。利用通信网络以数字形式实现传感器测试数据的双向通信是智能传感器的关键标志之一；利用双向通信网络，也可设置智能传感器的增益、补偿参数、内检参数，并输出测试数据。智能传感器的出现将复杂信号由集中型处理变成分散型处理，即可以保存数据处理的质量，提高抗干扰性能，同时又降低系统的成本。它使传感器由单一功能、单一检测向多功能和多变量检测发展，使传感器由被动进行信号转换向主动控制和主动进行信息处理方向发展，并使传感器由孤立的元件向系统化、网络化发展。在技术实现上，可采用标准化总线接口进行信息交换。

（6）自学习功能。一定程度的人工智能是硬件与软件的结合体，可实现学习功能，更能体现仪表在控制系统中的作用。可以根据不同的测量要求，选择合适的方案，并能对信息进行综合处理，对系统状态进行预测。例如，阿尔法围棋（Alpha Go）就属于具有自我学习和进化能力的人工智能系统。

2. 智能传感器的特点

与传统传感器相比，智能传感器具有以下特点。

（1）精度高、测量范围宽。智能传感器保证它的高精度的功能有很多，如通过自动校零功能来去除零点误差，与标准基准实时对比以自动进行整体系统标定，自动进行整体系统的非线性系统误差的校正，通过对采集的大量数据进行统计处理以消除偶然误差的影响等，从而保证了智能传感器的高精度。智能传感器的量程比可达 $100:1$，最高达 $400:1$，可用一个智能传感器应付很宽的测量范围，特别适用于要求量程比大的控制场合。

（2）高可靠性和高稳定性。智能传感器能自动补偿因工作条件与环境参数发生变化后引起的系统特性的漂移，如环境温度变化而产生的零点和灵敏度的漂移；在当被测参数发生变化后能自动改换里程，能实时自动进行系统的自我检验、分析、判断数据的合理性，并给出异常情况的应急处理（报警或故障提示）。因此，保证了智能传感器的高可靠性和高稳定性。

（3）高信噪比和高分辨率。由于智能传感器具有数据存储、记忆与信息处理功能，通过软件进行数字滤波、分析等处理，可以去除输入数据中的噪声，将有用信号提取出来；通过数据融合和神经网络技术，可以消除多参数状态下交叉灵敏度的影响，从而保证在多参数状态下对待多参数测量的分辨率，故智能传感器具备高的信噪比和高的分辨率。

（4）自适应性强。智能传感器的微处理器可以使其具备判断、推理及学习能力，从而具备根据系统所处环境及测量内容自动调整测量参数，使系统进入最佳工作状态。

（5）价格性能比强。智能传感器采用价格便宜的微处理器及外围部件即可以实现强大的数据处理、自诊断自动测量与控制等多项功能。

（6）功能多样化。相比于传统传感器，智能传感器不但能自动监测多种参数，而且能根据测量的数据自动进行数据处理并给出结果，还能够利用组网技术构成智能检测网络。

3. 智能传感器的实现途径

智能传感器的"智能"主要体现在强大的信息处理功能上。在技术上，有以下一些途径来实现。在先进的传感器中至少综合了其中两种趋势，往往同时体现了几种趋势。

（1）采用新的检测原理和结构实现信息处理的智能化。采用新的检测原理，通过微机械精细加工工艺设计新型结构，使之能真实地反映被测对象的完整信息，这也是传感器智能化的重要技术途径之一。例如多振动智能传感器，就是利用这种方式实现传感器智能化的。工程中的振动常用多种振动模式的综合效应，常用频谱分析方法分析解析振动。由于传感器在不同频率下灵敏度不同，所以势必造成分析上的失真。采用微机械加工技术，可在硅片上制作出极其精细的沟、槽、孔、膜、悬臂梁、共振腔等，构成功能优异的微型多振动传感器。目前，已能在 2 mm×4 mm 的硅片上制成有 50 条振动板、谐振频率为 4~14 kHz 的多振动智能传感器。

（2）应用人工智能材料实现信息处理的智能化。利用人工智能材料的自适应、自诊断、自修复、自完善、自调节和自学习特点，制造智能传感器。人工智能材料能感知环境条件变化（普通传感器的功能）、自我判断（处理器功能）及发出指令和自我采取行动（执行器功能），因此利用人工智能材料就能实现智能传感器所要求的对环境检测和反馈信息调节与转换的功能。人工智能材料种类繁多，如半导体陶瓷、记忆合金、氧化物薄膜等。按电子结构和化学键，可分为金属、陶瓷、聚合物和复合材料等几大类；按功能特性，又可分为半导体、压电体、铁弹体、铁磁体、铁电体、导电体、光导体、电光体和电流变体等；按形状可分为块材、薄膜和芯片智能材料。

（3）集成化。集成智能传感器是利用集成电路工艺和微机械技术将传感器敏感元件与功能强大的电子电路集成在一个芯片上（或二次集成在同一外壳内），通常具有信号提取、借号处理、逻辑判断、双向通信等功能。与经典的传感器相比，集成化使得智能传感器具有体积小、成本低、功耗小、速度快、可靠性高、精度高以及功能强大等优点。

（4）软件化。传感器与微处理器相结合的智能传感器，利用计算机软件编程的优势，实现对测量数据的信息处理功能主要包括以下两方面。

①运用软件计算实现非线性校正、自补偿、自校准傅立叶提高传感器傅立叶、重复性等；用软件实现信号滤波，如快速傅立叶变换、短时傅立叶变换、小波变换等技术，可简化硬件，提高信噪比，改善传感器动态特性。

②运用人工智能、神经网络、模糊理论等，使传感器具有更高智能，即分析、判断、学习的功能。

（5）多传感器信息融合技术。单个传感器在某一采样时刻只能获取一组数据，由于数据量少，经过处理得到的信息只能用来描述环境的局部特征，且存在交叉敏感度的问题。多传感器系统通过多个传感器获得更多种类和数量的传感数据，经过处理得到多种信息能够对环境进行更加全面和准确的描述。

（6）网络化。独立的智能传感器，虽然能够做到快速准确地检测环境信息，但随着测量和控制范围的不断扩大，单节点、被动的信息获取方式已经不能满足人们对分布式测控的要求，智能传感器与通信网络技术相结合，形成网络化智能传感器。网络化智能传感器使传感器由单一功能、单一检测向多功能和多点检测发展，从被动检测向主动进行信息处理方向发展，从就地测量向远距离实时在线测控发展。传感器可以就近接入网络，传感器与测控设备间无须点对点连接，大大简化了连接线路，节省了投资，也方便了系统的维护和扩充。

第三节　基于深度学习的人脸识别

美团每天有百万级的图片产生量，运营人员负责相关图片的内容审核，对涉及法律风险及不符合平台规定的图片进行删除操作。由于图片数量巨大，人工审核耗时耗力且审核能力有限。对不同审核人员来讲，审核标准难以统一且实时变化。因此，有必要借助机器实现智能审核。

为了避免侵权明星肖像权，审核场景需要鉴别用户 / 商家上传的图像中是否包含明星的头像。这是一类典型的人脸识别应用，具体来说是一种 $1:(N+1)$ 的人脸比对。整个人脸色识别流程包含人脸检测、人脸关键点检测、人脸矫正及归一化、人脸特征提取和特征比对，如图6-12所示。其中，深度卷积模型是待训练的识别模型，用于特征提取。

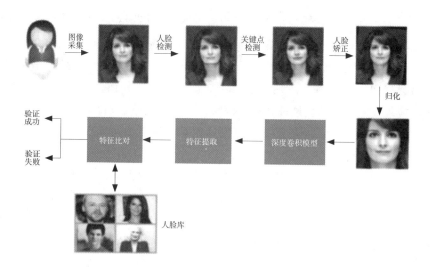

图 6-12 明星人脸识别流程

人脸识别主要有两种思路：一种是直接转换为图像分类任务，每一类对应一个人的多张照片，比较有代表性的方法有 DeepFace、DeepID 等；另一种则将识别转换为度量学习问题，通过特征学习使得来自同一个人的不同照片距离比较近、不同的人的照片距离比较远，比较有代表性的方法有 DeepID2、FaceNet 等。

由于任务中待识别 ID 是半封闭集合，可以融合图像分类和度量学习的思路进行模型训练。考虑到三元组损失（Triplet Loss）对负例挖掘算法的要求很高，在实际训练中收敛很慢，因此本案例采用了 Center Loss 来最小化类内方差，同时联合 Softmax Loss 来最大化类间方差。为了平衡这两个损失函数，需要通过试验来选择超参数。采用的网络结构是 Inception-v3，在实际训练中分为两个阶段。

第一阶段采用 Softmax Loss+C×Center Loss，并利用公开数据集 CASIA-WebFace（共包含 10 575 个 ID 和 49 万张人脸图片）进行网络参数的初始化和超参数 C 的优选，根据试验得到的 C=0.01。

第二阶段采用 Softmax Loss+0.01×Center Loss，并在业务数据（5 200 个明星脸 ID 和 100 万张人脸图片）上进行网络参数的微调。

为了进一步提升性能，借鉴了百度采用的多模型集成策略，如图 6-12 所示。具体来说，根据人脸关键点的位置把人脸区域分割为多个区域，针对每一个区域分别训练特征模型。目前把人脸分割为 9 个区域，加上人脸整体区域，共需训练 10 个模型。

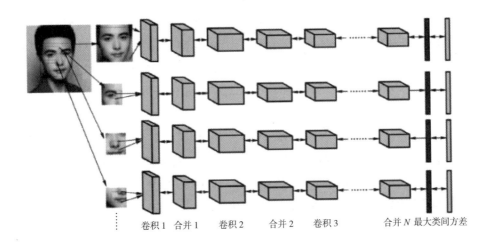

卷积 1　合并 1　卷积 2　合并 2　卷积 3　　　合并 N 最大类间方差

图 6-13　基于集成学习的人脸识别

在测试阶段，对于待验证的人脸区域和候选人脸区域，分别基于图 6-12 所示的 10 个区域提取特征。然后，对于每个区域，计算两个特征向量间的相似度（余弦距离）。最终，通过相似度加权的方法判断两张人脸是否属于同一个人。表 6-4 给出了主流方法在公开数据集上的评测结果。可以看出，美团模型在相对有限数据下获得了较高的准确率。

表6-4　公开数据集上的评测结果

	训练集	网络数量	LFW 准确率
DeepFace	400 万	3	97.35%
DeepID	20 万	25	97.45%
DeepID2+	29 万	25	99.47%
FaceNet	2 万	1	99.63%
美团	150 万	10	99.75%

第四节　生物特征识别的机遇与挑战

随着生物特征识别技术的发展，这一技术手段得到了较为广泛的应用，并且表现出了较为广阔的市场发展前景。对此，加强对生物特征识别技术的研究，将之更好地应用于社会生活当中，成为世界各国普遍关注的一个热门议题。但是生物特征识别技术在实际应用过程中，面临着诸多问题，这些问题对生物特征识别技术发展来说，较为不利。笔者在对这一问题进行研究时，主要分析了当下生物特征识别技术的应用现状与应用过程中存在的问题。

一、生物特征识别技术面临的问题与挑战

随着社会经济的发展以及科学技术的进步，人类在踏入 21 世纪后，信息化时代的到来对传统生活方式产生着巨大的影响。在这一背景环境下，基于生物特征的身份识别技术得到了迅猛发展，并且在日常生活中得到了较为广泛的应用。生物特征识别技术成为身份识别的主要技术手段，并且与人们生活不断接近，解决人们生活实际问题的同时，也为经济社会的发展带来了一定的困扰。在对这一问题进行研究时，我们可以从以下几个方面进行分析。

首先，就以指纹识别技术来说，随着技术的发展，指纹识别技术的安全性问题面临着较大的挑战，指纹可复制性以及伪造，导致了人们在应用指纹时，面临着较大的困扰。同时，指纹伪造技术并不难，并且在当下社会经济发展中，指纹被伪造，给用户带来较大损失的案件屡见不鲜。关于这一问题，在 2006 年美国科普节目中，提出了利用凝胶对人体指纹进行复制的相关技术手段，这种复制、仿造的指纹，与人体指纹并不存在差别，这样一来，利用复制的指纹，将会对指纹所有者自身利益产生较为不利的影响。在 2008 年的第十六届黑客大会上，ZacFanken 利用牙科常用的藻酸盐材料和硅橡胶做的假手，通过了掌形识别器的认证。2009 年，Due Nguyen 利用一张真人大小的黑白图片通过了联想系统的用户登录认证。综合上述案例，我们不难看出，生物特征识别技术在实际发展过程中，面临着较大的安全性问题。关于这一方面问题，我们需要从生物特征识别技术自身的特征进行考虑，生物特征识别技术的发展注重四个特征，即普遍性、唯一性、稳定性以及不可复制性。综合这一情况，我们在进行生物特征识别技术应用时，对上述特点中的唯一性和稳定性都可以较好地满足，但是也正因为这一点，为生物特征识别技术带来了较大的缺陷。就以人脸识别技术来说，人脸识别系统在提取人脸特征的过程中，主要针对了面部较为主要的细节特征进行数据存储，并通过数据匹配，完成身份识别认证。伪造者可以针对这一点，伪造出特征点与数据库存储人脸图像信息相符合的主要特点，就可以骗过识别器。

其次，除了生物特征识别技术自身存在安全性问题之外，这一技术的易用性以及用户的接受程度，也将在很大程度上影响这一技术的发展和应用。就以

我们熟知的指纹识别技术来说，用户在进行指纹图像信息采集过程中，不会大过重视自己的手指脏净程度，这样一来，将会对指纹图像的收集效果产生较大的影响。除此之外，生物特征识别技术在应用过程中，在于与用户的肢体直接接触，这一技术发展没有考虑到用户的卫生问题，对用户的接受度也欠考虑。

最后，生物特征识别技术在发展过程中，信息技术手段与这一技术的发展有着紧密的联系，并且通过信息技术手段，对人们的正常生活也会产生较大的影响。随着信息技术的发展，互联网金融行业、电子商务平台都得到了较大的发展，这样一来，加强安全认证问题，将直接关系到了人们的切身利益。人们在互联网购物以及从事相关金融活动时，对高质量、高安全性的密码系统迫切需求，如何对这一问题进行解决，将直接影响到生物特征识别技术未来的发展和进步。

二、生物特征识别技术的应用现状

生物特征识别技术在当下获得了较大的发展，并且在实际应用过程中，对多模态生物特征融合技术应用较为广泛。所谓的多模态生物特征融合技术主要是指对生物特征识别技术的综合应用，通过一种或多种的生物特征技术进行结合应用，可以对单一生物特征识别技术存在的缺陷进行有效弥补，更好地满足人们的实际需要。关于多模态生物特征识别技术，美国 Securi Metrics 设计了一种名为"HIIDE"的生物特征识别系统，该系统融合了指纹识别技术、人脸识别技术以及虹膜识别技术，这一系统在应用过程中，更好地克服了单一系统存在的缺陷，更好地满足了实际需要。

多模态的生物特征识别技术在发展过程中，实现的方式主要有两种：一是针对实际情况，对生物特征识别技术的相关特点进行有效分析，将能够解决实际问题的单一生物特征识别技术进行结合应用；二是对生物特征识别技术利用融合算法进行统一处理，更好地对结果进行判别。多模态生物特征识别技术的发展，主要得益于其自身具备的优势，具体内容如下。

第一，多模态生物特征识别技术具有更高的安全性，可以更好地保护人们的隐私，并且对人们的实际问题进行有效解决。

第二，多模态生物特征技术在进行特征匹配的过程中，采取了两种或是两种以上的单一生物特征识别技术，这样一来，在很大程度上降低了误识率和拒识率，提升了准确度。

第三，系统整体实用性问题得到了有效解决。系统在设计过程中，考虑到"普遍性"这一问题，扩大了检测范围。例如，某公司设置了一种集虹膜识别技术、指纹识别技术、静脉识别技术为一体的考勤识别系统，在进行识别时，若是员工的手指被划破，无法对指纹进行识别时，则可以通过掌纹识别或静脉识别对员工身份进行识别。

三、生物特征识别技术的前景

生物特征识别技术的发展，伴随着其技术手段的不断成熟，在未来发展过程中，将拥有着极为广阔的发展市场。综合生物特征识别技术的本质来看，其发展的关键点在于对个人特征进行鉴定，从而实现身份识别的目的。就当下生物特征识别技术发展现状来看，多模态以及生物特征融合技术发展，是生物特征识别技术未来发展的一个重要方向，将更加注重于对多种生物特征识别技术的有机融合，从而弥补当下生物特征识别技术发展过程中存在的劣势和缺陷。关于这一问题，国际标准化组织（ISO）和国际电工委员会（IEC）发布了《信息技术 生物特征识别 多模态和其他多生物特征融合》这一文件，该文件中，对生物特征识别技术未来发展方向进行了相关阐述。生物特征识别技术在发展过程中，更加注重通用性和实用性，注重对实际问题的有效解决。就以我国对生物特征识别技术的研究情况来看，新的多模态生物特征识别技术得到了较大的发展，清华大学在对这一方面进行研究时，提出了 TH- ID 系统的多模式生物特征，可以更好地实现系统检测，完成身份识别目标。

同时，我们还可以从当下全球生物识别技术市场发展前景这一方面，对生物特征识别技术的发展进行相应分析。生物特征识别技术早年在司法鉴定领域得到了广泛应用，美国"9·11"恐怖袭击事件发生后，生物特征识别技术在反恐领域、安全风险防范领域，都得到了十分广泛的应用。国内外一些高新技术公司，纷纷加大了对这一领域的研究和投入，并且将这一技术广泛地应用于机场、银行以及电子器具上。这样一来，生物特征识别技术将在未来发展过程中，有着更为广阔的发展空间，并为相关行业带来巨大的经济效益。

综合图 6-14 来看，我们不难看出，生物特征识别技术在实际应用过程中，应用较为广泛的主要为指纹识别技术和语言识别技术，但随着生物特征识别技术的发展，在未来发展过程中，人脸识别、虹膜识别等其他生物特征识别技术也将得到更大的发展，应用比例也会不断提升。

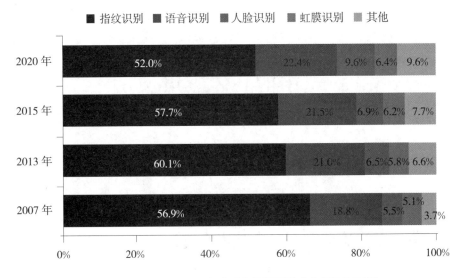

图 6-4　2015—2020 年全球生物识别技术市场结构预测

第七章　智能感知技术在电气工程中的具体应用

第一节　多传感器数据融合技术在变压器故障诊断中的应用

一、基于神经网络的故障诊断方法

（一）神经网络的结构

神经网络的结构可以分为：前馈式神经网络、输出反馈的前馈式网络、前馈式内层互联网络、反馈型全互联网络、反馈型局部互联网络。

前馈式神经网络中，输入沿着神经网络逐层传输，层与层之间不存在反馈，常见的有神经网络、正交网络等；输出反馈的前馈式网络会有来自输出的反馈，即神经元的输入信号既可以来自外界的输入，也有可以来自自身输出的反馈；前馈式内层互联网络的特点是每层的神经元之间相互联系，互相制约，而层与层之间不存在反馈，这种结构的神经网络多为自组织神经网络，网络就是这种类型；反馈型全互联网络比较复杂，其特点是任意一个神经元的输出都和其他神经元之间存在联系，如网络模型就是反馈型全互联网络；反馈型局部互联网络的每个神经元不是和周围所有的神经元都存在联系，一般常用在非线性系统的识别中。

（二）神经元模型

神经网络是由很多神经元组成的，神经元是神经网络的最基本单元。

神经元输入和输出的关系，如图 7-1 所示。

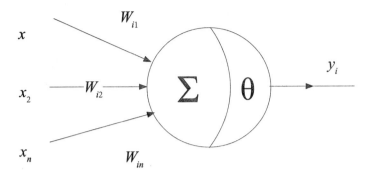

图 7-1　神经元

其中，转换函数 f 为

$$y_i = f\left(\sum_{j=1}^{n} w_{ij}x_j - \theta_i\right) \tag{7-1}$$

可以分为阈值型和分段线性型，即

阈值型为

$$f(x_i) = \begin{cases} 1 & x_i > 0 \\ 0 & x_i \leqslant 0 \end{cases} \tag{7-2}$$

分段线性型为

$$f(x_i) = \begin{cases} 0 & x_i \leqslant x_{i0} \\ kx_i & x_{i0} < x_i < x_{i1} \\ f_{\max} & x_i \geqslant x_{i1} \end{cases} \tag{7-3}$$

常用的转换函数有 Sigmoid 函数和 Tan 函数，即

Sigmoid 函数为

$$f(x) = \frac{1}{1 + e^{\frac{-x}{T}}} \tag{7-4}$$

Tan 函数为

$$f(x) = \frac{e^{\frac{x}{T}} - e^{\frac{-x}{T}}}{e^{\frac{x}{T}} + e^{\frac{-x}{T}}} \tag{7-5}$$

（三）神经网络的学习算法

神经网络的特点是具有学习能力，可以通过不断的学习改善自身的不足。其学习算法可以归结为三种：监督学习、非监督学习和强化学习。

监督学习指的是通过已知的样本信息对神经网络进行训练，将得到的结果与理论的结果进行比较，不断的修正神经网络，如图 7-2 所示；无监督学习就没有训练样本，但是可以根据提供信息的内在规律来进行自我调整，如图 7-3 所示；强化学习处在监督学习和非监督学习之间的，给强化学习的神经网络提供信息，得到输出结果，将结果划分为合理的和不合理的结果，然后神经网络会根据合理的来调节参数，如图 7-4 所示。

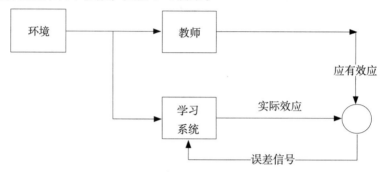

图 7-2　监督学习

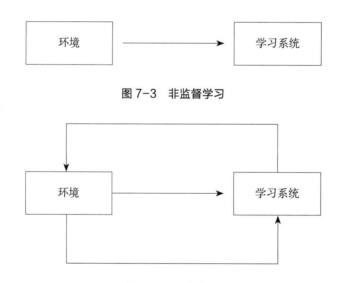

图 7-3　非监督学习

图 7-4　强化学习

　　将神经网络运用在电力变压器的故障诊断上，目前有三种方式：（1）对变压器的特征气体进行采集，将采集的结果直接当作神经网络的输入，实际表明这样的方式产生的结果并不如意；（2）从三比值方法得到启示，将三个比值作为神经网络的输入；（3）将神经网络与其他理论相结合，如利用多个神经网络同时对采集的数据进行识别，将神经网络的输出结果运用证据理论进行融合，还有将神经网络与模糊理论相结合，利用神经网络来获取每个故障类型的隶属度，然后根据模糊规则进行判断。

（四）BP 神经网络

BF 神经网络的原理是采用负梯度下降法，其结构如图 7-5 所示，通常分为三层，即输入层、中间层、输出层，算法过程如图 7-6 所示。BF 神经网络具有结构简单，能有效逼近的特点。

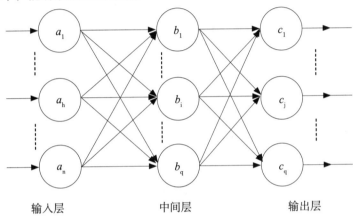

图 7-5 BP 神经网络拓扑结构

1. 神经网络学习算法和存在的不足

（1）神经网络的学习算法为：首先，输入样本，得到实际的输出结果，然后和期望输出值进行比较，求取之间的差值；其次，算差值的均方差；最后，对均方差求导，求出最小均方差，并根据最小均方差来调整权值，通过不断地调整权值，最终使得实际输出结果与期望输出之间的差值降到误差范围内。

（2）神经网络的不足之处表现在：首先，收敛速度慢，这是众多神经网络普遍存在的问题，特别是数据量较大的时候；其次，学习过程中容易陷入局部最小值；最后，网络泛化能力差并且其构建缺乏统一的规则。

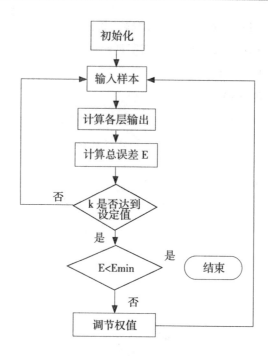

图 7-6 BP 神经网络的算法过程

2. BP 神经网络的研究情况

（1）针对 BP 神经网络激发函数的研究。该研究主要是对激发函数的局限性进行发掘、改进，或者研究激发函数和神经网络稳定性之间的关系。目前应用较多、研究比较成熟的激发函数为函数，函数在高增益区能够很好地解决小信号问题，而在低增益区能够较好地处理大信号，这一特点与神经元的动作方式很像。还有对组合激发函数的应用研究，大量实验表明，当使用单一激发函数时不能得到满意的结果，而通过不同激发函数的综合运用，可以获得比较满意的结果。

（2）针对 BP 神经网络隐含节点数的研究。BP 神经网络的隐含层节点数直接关系到神经网络的收敛速度和诊断精度。如果节点数目不足，那么获得信息的量会不够，导致神经网络陷入局部极小值或者得不到训练结果；如果节点数目过多，则会出现过拟合现象，训练时间也会延长。所以，节点数目的确定很重要，目前主流的方式分为：经验公式法和尝试法。常用的经验公式如下：

$$H = 2I + 1 \tag{7-6}$$

$$H = \sqrt{I + O} + a$$

$$a \in [1,10] \tag{7-7}$$

$$H = \log_2 I \tag{7-8}$$

（3）神经网络与一些算法相结合。将其他算法与神经网络相结合，取长补短，从而提高神经网络的训练效果。例如与遗传算法结合，遗传算法具有很好的全局寻优能力，这样可以加快神经网络的收敛并在一定程度上防止陷入局部最优；还有与模拟退火算法相结合，模拟退火算法从较高的初温开始，随着温度下降而不断抽样，最后得到最优解，将此方法与神经网络结合后，同样可以帮助神经网络跳出局部最优，得到全局最优解。

二、基于 BP 神经网络和 D-S 证据理论的诊断方法介绍

变压器故障诊断目前主要是根据特征气体的含量进行判别，而特征气体的含量的计量单位为 μL，有时会因为监测仪器的精度问题，导致测量不准，从而使得诊断结果差强人意。为了有效地解决变压器故障诊断中的不确定性问题，本书采用基于神经网络的证据理论方法，首先用特征气体的样本数据和样本数据的三比值对神经网络进行训练，然后将训练好的神经网络用来对故障数据进行识别，其中一个神经网络的输入信息为故障信息的三比值数据，另一个神经网络的输入信息为经粗糙集理论约简的特征气体数据，将神经网络诊断的结果作为证据理论的证据源，运用证据理论其进行融合，最终得到融合结果，并判断故障类型。如图 7-7 所示。

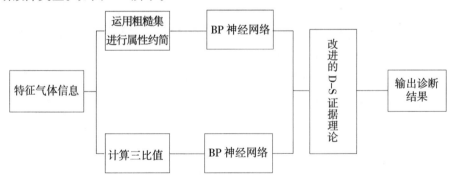

图 7-7　诊断框架

之所以采用神经网络和证据理论相结合的方法是因为：证据理论具有完善的数学理论基础、严谨的逻辑推理，并在证据之间不存在高冲突的情况下能够得到很好的融合结果。目前，被广泛地运用在信息融合技术中。因此，本书运用证据理论来对变压器故障数据进行处理。但是，证据理论的基本概率指派函

数获取比较困难。而神经网络通过对故障数据的识别，能够得到各故障发生的大概发生概率。因此，论证中将两者结合起来，运用在变压器故障诊断中。

第二节　机器视觉在包装印刷中的应用

为了提高产品外包装印刷缺陷检测的效率、稳定性和灵活性，提出了一种基于机器视觉的产品外包装印刷缺陷检测技术。引入基于机器视觉的比对检测算法，改进传统的产品外包装印刷缺陷检测方法。试验表明，基于机器视觉的产品外包装印刷缺陷检测技术在不同的试验条件下都能稳定应用，可以快速精确地检测出印刷缺陷。该技术有效地解决了人工抽样检测结果误差大、主观性强、检测速度慢等问题，具有更快的效率、更好的稳定性和处理的灵活性。

近年来，包装印刷工艺在不断地进步和发展，过去常用的对产品外包装印刷缺陷检测的方法已经无法达到实际生产要求的检测标准。通过质检员对产品外包装印刷缺陷进行检测是最原始的检测方法，但这种方法存在很多弊端，不但受个人的主观意志影响较大，而且会导致生产效率低下，且漏检率高。此外，该检测方法需要较高的人力成本，相应地提高了生产成本。为了提高检测质量，检测人员也开始使用色差仪、密度计、偏光应力仪等仪器对产品外包装印刷缺陷进行检测。但缺陷种类繁多，情况复杂，如颜色失真、错位漏印、针孔黑点、文字模糊、套印不准、油墨溅污等，都是印刷过程中经常出现的缺陷。借助手持仪器的方法无法满足实际生产中大批量、快速性、智能化、可现场性、重复性等需求。机器视觉检测可以克服传统检测方法所存在的弊端。

当检测装置投入生产线运行后，能够长期执行标准化自动检测流水线工作，从而极大地减少人力成本，降低企业的生产成本。机器视觉检测还是一种全表面的检测方法，能够将检测过程中存在漏检的可能性降到最低。除了上述优点外，机器视觉检测还可以针对外包装上的条码无法识别、偏位、重码、错码等问题进行检测，能够全面、高效地完成产品外包装印刷的缺陷检测，具有传统检测方法无法比拟的优越性。

一、机器视觉检测原理

通俗来讲，机器视觉检测就是用电子元器件代替人的眼睛，拍摄产品外包装的全表面，用电脑代替人脑，对印刷存在的缺陷进行客观的分析。数字图像处理技术是机器视觉检测技术的基础，在此基础上，结合光学、机械自动化等技术，构成一个完整的自动化检测系统。机器视觉检测具有诸多特点：第一，具有通用性和可移植性，可以适用到生产生活的各个方面，使用范围广，使用对象没有局限性；第二，具有稳定性，可以对生产线的生产质量进行长期地实时检测分析，检测稳定在较高的精度和速度；第三，具有实用性，可以在各种条件下进行检测，如高辐射、高腐蚀、高风险等环境下，代替人工进行作业。

通常情况下，一个完整的机器视觉检测系统由光源、成像系统、CCD 相机、图像采集卡、图像处理软件、图像处理硬件、反馈执行装置、传动装置等部分组成，如图 7-8 所示。

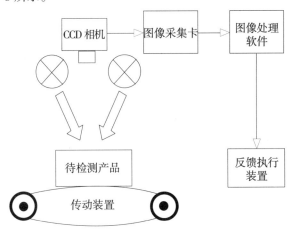

图 7-8   机器视觉检测系统结构

首先待检测产品由传动装置传送到固定的检测位置，然后由成像系统通过 CCD 相机获取待检测产品外包装表面的图像，之后图像采集卡将图像处理后的电信号发送到计算机端，接着计算机端通过图像处理软件对全表面图像做出分析，给出缺陷检测结果至反馈执行装置。缺陷检测结果的精度与速度受诸多因素的影响：第一，光源的选择、CCD 相机的配置和成像系统的设计关乎图像采集的质量；第二，图像处理软件及图像处理算法关乎缺陷检测的质量；第三，硬件的选择和配置影响检测速度。

二、印刷缺陷检测系统设计

基于机器视觉的产品外包装印刷缺陷系统的检测流程如图 7-9 所示，包括检测平台、图像采集、检品模式、数据库查重码等模块。

（一）图像采集

基于机器视觉对产品外包装印刷进行缺陷检测时，首先就是要对外包装的表面图像进行采集。因为外包装印刷包含多种印刷工艺，所以针对不同的印刷工艺，如烫印、凹版、丝印、激光、镀膜等，需要采用不同的光源照射角度和不同的 CCD 相机拍摄角度进行分层采集。

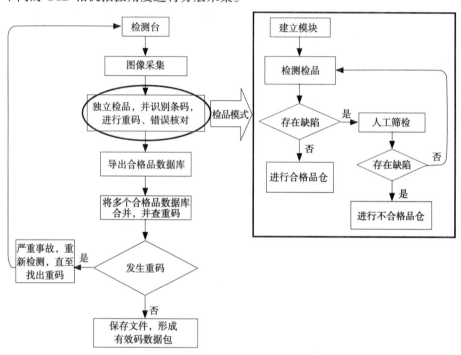

图 7-9　产品外包装印刷检测流程

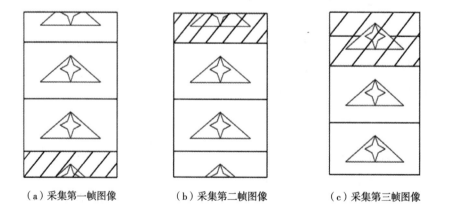

（a）采集第一帧图像　　　　（b）采集第二帧图像　　　　（c）采集第三帧图像

图 7-10　虚拟帧逻辑

由于传动装置处于高速运转模式，因此每次每台相机所采集的一幅图片中包含多个待检产品外包装图像。例如，采集的第一帧图像如图 7-10（a）所示，能够定位到中间两个完整的检测对象表面图像，以及上下两个不完整的图像。此时，需要删除上方不完整的图像，并将图 7-10（a）中阴影部分所示不完整的图像缓存。从采集的第二帧图像即图 7-10（b）开始，将图 7-10（a）中阴影部分加到图 7-10（b）中阴影部分的上端得到图 7-10（c），图 7-10（c）中的阴影部分即是将不完整图像缓存累加后得到的完整图像。根据累加后的总高度除以每个完整图像的高度，可以计算出当前采集图像的个数。

（二）建模学习

基于机器视觉对外包装印刷进行缺陷分析检测时，要先人工选择合格品作为样本图像，然后把采集到的待检测产品外包装图像与样本图像的灰度值进行比对分析，判定是否存在缺陷。由于印刷工艺、机器精度以及环境变化等诸多因素的影响，无法要求待检产品与标准模板之间不存在误差，因此对于待检测产品外包装的印刷缺陷应当有一定的容忍度。但是，一般不通过修改稿第一次值的大小来扩展合格品区间，因为这样的参数往往是主观设定的，设置过大容易造成误检。因此，需要引进建模学习的概念来确定可接受范围，减少误检。

首先，随机挑选检品，经人工判断确定好品，如图 7-11（a）所示，作为标准图像。其次，将待检测产品通过机器采集图像后，电脑比对学习产品与标准品的差异，从而将该位置可接受合格标准的范围放大。通常学习的产品不能包含最亮图 7-11（b）和最暗如图 7-11（c）的两张好品，但是可以通过自定义扩展参数来增大合格标准的容许区域，如图 7-12 所示。

（a）标准图像

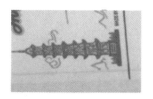

（b）标样训练中最亮图像

（c）标准训练中最暗图像

图 7-11　图像建模

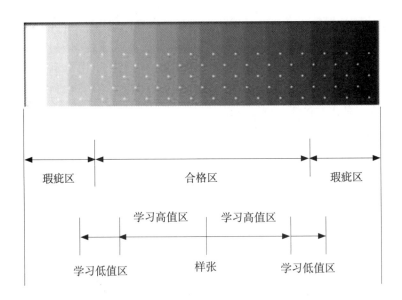

图 7-12　建模学习容许区域

（三）标码检测

随着科技的发展，产品外包装上印制条码十分普遍，并且具有重要的功能，它是监管产品的一种重要方法。常见的条码有条形码和二维码，它们的显要区别如图 7-13 所示：条形码包含一个方向上的信息，二维码包含水平和垂直两个方向上的信息。由此可见，二维码相对于条形码而言具有诸多优势，如数据容量更大，超出了字母、数字方面的制约，尺寸小，具有抗损毁能力等。二维码包含的信息，如图 7-14 所示。

图 7-13　条形码和二维码的区别

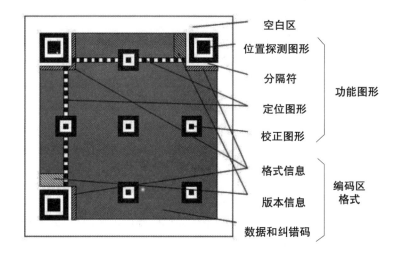

空白区
位置探测图形
分隔符
定位图形
校正图形
功能图形

格式信息
版本信息
数据和纠错码
编码区
格式

图 7-14　二维码的分布样式

　　针对二维码的印刷缺陷检测有以下六点要求：（1）二维码大小和位置是否绘制在检测的区域；（2）使用识读设备，能识读出二维码的内容；（3）待检测产品外包装表面二维码与二维码数据文件是否一致；（4）同一产品上的二维码与验证码是否相互对应；（5）二维码边界不能超出白色底框，且二维码在框内居中对齐；（6）二维码边界与白色底框的边界单边距离默认值为 1.5mm。二维码尺寸小于 10mm 时，允许位置误差范围为 ±0.2mm；尺寸大于 10mm 时，允许位置误差范围为 ±0.5mm。

三、算法设计与缺陷检测

　　将采集图片与样本图片进行匹配对比时，引入基于灰度值的比对算法，由于采集的图片通常过大，因此需要结合动态阈值分割的方法进行检测。动态阈值分割算法适用于检测目标与背景具有较大区别的情况，阈值分割后的图像 y（a，b）与采集图像 x（a，b）的关系为

$$y(a,b) = \begin{cases} 1, x(a,b) > H \\ 0, x(a,b) \quad H_0 \end{cases} \qquad (7-9)$$

式中，H——设置的阈值大小；

　　　　1——检测目标；

　　　　0——图像背景。

　　动态阈值分割算法检测效果的好坏由阈值 H 的取值是否合适决定，阈值 H 的取值能够通过如下迭代算法得到。

（1）依据采集图像的直方图，将两峰的中间值作为一个预估阈值 H。

（2）依据式（7-9）把采集图像分割成检测目标与图像背景两个区域，检测目标 Q_1 由全部大于阈值 H 的区域构成，图像背景 Q_2 由全部小于等于阈值 H 的区域构成。

（3）对分割出的检测目标 Q_1，求出其平均灰度值 d_1。同时，求出分割后图像背景 Q_2 的平均灰度值 d_2。

（4）依据计算出的两个平均灰度值 d_1 和 d_2，再计算得出新的阈值 H，计算公式为

$$H = \frac{1}{2}(d_1 + d_2) \tag{7-10}$$

（5）重复第（2）到第（4）的步骤，直到计算得出的阈值 H_1 与阈值 H_2 之间的差值 G 小于等于设置的额定参数 ΔH，即

$$\Delta G = |H_1 - H_2| \quad \Delta H。 \tag{7-11}$$

分割后的区域面积与阈值关系到缺陷检测精度。对缺陷检测精度造成的影响变化，见表7-1。分割区域面积理想值用 S 表示，阈值理想值 W 表示。当分割区域面积大于 $1.1S$，阈值大于 $1.1W$ 时，缺陷检测精度较差，容易出现漏检问题；当分割区域面积在 $S \sim 1.1S$，阈值在 $W \sim 1.1W$ 时，缺陷检测精度良好；当分割区域面积等于 S，阈值等于 W 时，缺陷检测精度最优；当分割区域面积在 $0.9S \sim S$，阈值在 $0.9W \sim W$ 时，缺陷检测精度良好；当分割区域面积小于 $0.9S$，阈值小于 $0.9W$ 时，缺陷检测精度较差，容易出现过检问题。因此，可以通过调整分割区域面积与阈值来解决漏检、过检的问题。

表7-1　分割区域面积与阈值差对缺陷检测精度的影响

分割区域面积	阈值差	缺陷检测能力
$>1.1S$	$>1.1W$	较差，容易漏检
$S \sim 1.1S$	$W \sim 1.1W$	良好
S	W	良好
$0.9S \sim S$	$0.9W \sim W$	良好
$<0.9S$	$<0.9W$	较差，容易过检

第三节　机器视觉在工业机器人工件自动分拣中的应用

随着国民经济的飞速发展，人类对生产线自动化程度的要求不断提高，从前的人工操作生产已经不能够满足社会的需求，因此工业机器人技术应运而生，并且已经被普遍应用在各类生产线中。工业机器人是集电子、机械制造、自动控制、人工智能、传感器技术、计算机等诸多领域的先进技术于一体的现代制造业重要的自动化设备。

工业机器人的出现不但改进了工业生产效率，而且很好地解决了在某些特定环境下无法人工操作的情况。伴随着机器人加入工业生产，产品的质量有所提高的同时产量也逐渐增长，并且在保护人身安全、保证车间卫生、减轻劳动负担、降低生产成本、增加产品产量、节省材料损耗等方面，具有很重要的意义。与互联网一样，工业机器人技术的诞生彻底改变了人类对传统工业生产的认识。

传统工业机器人的各类运动大多采用示教编程或离线编程的方法，对机器人的初始和终止姿态及工件的摆放位置有严格的要求，这样不但分拣速度慢、效率低，而且一旦工件位置发生变化则会导致机器人抓取失败。把机器视觉应用在机器人上，使机器人具有类人眼的功能，让机器人更加智能，可以实现生产的柔性化，使生产线很容易适应产品的变化，能有效地提高生产效率。如今，机器视觉技术已经被广泛地应用在无损检测、食品包装、医药生产、物流分拣、PCB 制图等诸多领域，基于视觉系统引导的机器人技术也将成为未来发展的主要趋势。

机器视觉是一门涉及人工智能、图像处理、信号处理、光电子学、模式识别以及计算机技术等诸多领域的学科。机器视觉的应用基本覆盖了所有的工业生产领域，主要行业有汽车制造业、半导体行业、农业、医学、物流等。本书所研究的是针对工业生产线上杂乱工件如何处理问题，提出一种利用视觉算法对工件识别定位，并通过工业机器人对目标工件进行分拣。该方法将机器视觉应用到工业机器人分拣技术中，通过摄像机获取工件图像，利用视觉算法对其进行识别和定位，并把识别结果和工件坐标传送到机器人控制系统中，最后由机器人完成分拣。分拣技术是工业生产线上不可或缺的一部分，机器视觉技术的出现对改善产品质量和提高生产效率都有很重要的意义。

一、国内外研究概况

随着劳动力的成本大幅上涨、生产需求不断增加，工业机器人参与生产已经在工业车间里占有很大比重。视觉技术的出现使机器人更加智能化、柔性化，对生产效率有大幅度的提高，因此视觉机器人技术受到国内外各大机器人公司的青睐，并在视觉领域进行了探索和大胆的尝试，已成功地应用于各行各业。尤其是在美国、日本、瑞士、德国等发达国家，机器人视觉技术已广泛用于检测、电子、包装、汽车、食品加工等行业，由于其具有高精化、智能化、高效化等特点，已经在诸多地方取代人工成为生产主流。国内的视觉机器人技术仍处于发展中，近年来，在国家政策的扶持下，国内各大高校及科研院所在机器视觉领域进行了大量的实验研究，并取得了一系列的成绩，并逐步进行在工业现场的应用，其主要应用于印刷、制药、包装等领域，真正高端的应用也正逐步发展。但在视觉核心硬件制作技术水平较为落后，还基本依赖日本、美国、韩国等发达国家，因此加强自主产权产品的研发对我国的发展有深远的意义。

（一）国外研究状况

在国外，机器视觉技术已经逐渐趋向成熟，并在工业生产线上得到了广泛的应用。美国、德国和日本等国家处在智能工业机器人领域应用研究的前沿，其对机器视觉技术的应用也处于领先水平。德国技术与世界接轨，也不断扩大视觉技术的应用行业。其 Goal Control 公司推出的基于机器视觉的门线识别技术被应用于 2014 年的巴西世界杯上，通过在球场布置 14 台高速照相机，系统可以自动判断足球是否越过门线，并将无线信号传送至主裁判。目前，基于机器视觉的工业机器人分拣技术受到各大机器人公司的青睐，包括日本的 Fanuc 公司、瑞士的 ABB 公司和德国的 KUKA 公司都推出了"拣选"系统。

日本的 Fanuc 公司研发的 iR Vision 视觉系统集成到了机器人系统中，可直接通过机器人控制器操控该视觉系统，而不需要外接计算机，操作简单、方便。如图 7-15 所示，展示的是工业机器人分别在 2D 和 3D 视觉引导下对工件进行识别和抓取的案例。尤其图 7-15 中右侧的 bin-picking 技术堪属世界一流，通过 3D 视觉对料斗中的工件进行定位，对于遮挡的工件也可以准确地抓取，精确的路径规划也有效避免碰撞箱壁。

图 7-15　2D 和 3D 视觉系统分拣演示

瑞士 ABB 公司研发的 3D 集成视觉系统（图 7-16），该视觉系统直观且易操作，能够自动选择特征并拟出参数，使配置时间最小化。使用该视觉引导机器人系统可以增加吞吐量和降低生产成本，并且能准确识别、定位工件，合理规划路径、避免碰撞，使机器人操作柔性化，即便是复杂环境下也能高效地完成工作。

图 7-16　3D 视觉系统

伊斯拉视像公司（ISRA）模仿人类手眼之间的协作能力开发了基于 2D 和 3D 的视觉技术。德国大众汽车公司生产车间中应用 KUKA 工业机器人对整车进行装配，机器人依赖 ISRA 视觉定位系统准确迅速地完成装配任务，并可以优化整个生产链，提高生产效率。

爱普生 SCARA 系列 6 轴工业机器人分拣系统应用案例，机器人通过视觉系统对传送带上的工件进行识别，可以对工件完成准确的抓取动作，并旋转至正确角度放入相应的盒子里，精度高，速度快，其视觉系统的可靠性及稳定性在行业中处于领先地位。

美国邦纳公司作为美国最大的光电传感器生产厂家，其视觉系统功能较为成熟。邦纳公司生产的 Presence PLUS 系列视觉传感器应用在药品包装中，该系统可以检测药瓶中药液高度是否达标和瓶装药品的贴标及喷码检测，该视觉传感器操作简单，高效准确。

（二）国内研究状况

随着我国工业水平的进步，各大生产线对工业机器人的需求急剧增加。2014 年起，我国已经悄然跃居为世界工业机器人需求量第一的国家。而相比于美国、日本、德国等发达国家，我国的机器人技术处于"幼年期"。我国对工业机器人的研究大多分布在科研院所、高校以及企业，有中科院沈阳自动化研究所、哈尔滨工业大学、沈阳新松机器人自动化股份有限公司等老牌劲旅，也有华恒、利迅达、众为兴等新兴企业。在国家政策的大力扶持下，我国的机器人技术打破传统观念，研发出具有自主知识产权的装配、电焊、喷漆、码垛等7 多种工业机器人产品，机器人产业化基地和研发中心也逐渐增多。

我国对机器视觉技术的研究仅有十几年时间，还尚属于起步阶段，相比发达国家而言略显不足，主要问题是缺少关键硬件的研发能力，如智能相机及CMOS 核心芯片的研发，还要依靠于采购。另外，国产视觉系统精度不够，往往会产生较大的误差。但近年来，随着国家对机器人技术的重视，机器视觉技术也备受关注，同时引发了许多机器人公司对视觉技术开发的兴趣。

沈阳新松机器人自动化股份有限公司研发的肖像绘画机器人，为该公司自主研发的 SH6 型工业机器人，通过近红外相机采集人脸图像，并利用视觉算法检测出人脸轮廓信息，包括五官等细节，然后机器人控制器会根据轮廓信息对机器人进行轨迹规划，只需短短 10 分钟，机器人便可以画出一幅人脸肖像，并且画得十分相似、惟妙惟肖。

广州数控研发的 3 轴并联机器人分拣系统，具有质量轻、结构简单、速度快等特点。该系统在视觉引导下，对传送带上的工件进行分拣，快速高效，鲁棒性好，可有效应用于食品、药品等生产线分拣作业。

佛山市利迅达机器人系统有限公司研发机器人毛刺打磨装置。该机器人通过视觉系统检测抛光物品表面的毛刺和磨损程度，在打磨过程中可以根据工件磨损程度进行准确的控制磨损补偿，该系统结构紧凑、操作简单、鲁棒性较高。

深圳视觉龙科技公司开发的 VD200 机器人视觉控制模块，在视觉系统的引导下，机器人对传送带上的各种工件进行识别和定位，将识别信息反馈给机械手进行抓取，视觉系统对工件的姿态有修正功能，并将工件放置在与其形状相同的模具中，整个抓取过程迅速稳定。

嫁接机器人技术，是近年来涌现出的集自动控制、机器视觉和园林工艺于一体的最新技术，它可以有效地将果树切口连接起来，通过视觉系统的智能识别，大大地提高了嫁接的速度，可以减少果树切口裸露在空气中的时间，有效防止果树切面被氧化，从而又可大大提高嫁接成活率。

二、视觉分拣系统的构成

针对工业生产线上对杂乱工件的识别与定位，此处以新松公司研发的RH6-A型工业机器人为主体，搭建了视觉系统引导的工业机器人分拣系统，如图7-17所示为该系统结构简图。该实验平台由三大部分组成，分为机器人控制系统、视觉系统、工件放置平台和末端抓手。

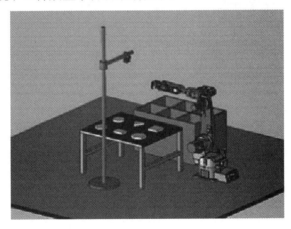

图 7-17　视觉机器人分拣系统

（1）机器人控制系统。示教盒、控制柜和工业计算机三部分构成了机器人控制系统。示教盒可以用来对机器人的姿态以及初始参数的设定，并且可通过示教盒控制器人的移动来调试系统的运行。控制柜集成了基于 PLC 的控制系统，上面设有紧急制动键，当系统产生错误指令使机器人误操作时可按此键进行急停控制，有效防止机器人碰撞造成损失。工业计算机负责对算法中的参数进行分析，可以随时观察视觉系统中图像处理算法的运行和控制，并通过 CAN 总线将参数传送给机器人。

（2）视觉系统。工业摄像机、摄像机支架、光源三部分构成了机器人视觉系统。工业摄像机用于采集工件图像，一般都属于黑白摄像机，所拍摄的图像可直接应用图像处理算法。摄像机支架用来固定摄像机，上面有刻度尺，可根据实际情况移动摄像机与工件平台之间的距离，并能随时记录摄像平面与工件所处平面的距离。光源为白色 LED 面式光源，当机器人工作环境比较黑暗时，光源能有效增强摄像机拍摄效果，也可以消除工件自身产生的阴影。

（3）工件平台。工件平台由工件、工件放置槽和传送带组成。工件放置槽分成几个区域，保证工件可以分类放置。传送带用来模拟生产线，其速度可调，并以黑色为底，可以与表面光亮的金属工件形成颜色反差，有效防止摄像机拍照时反光影响拍摄效果。

（4）机械手爪采用新松公司研制的气动手爪，该手抓可适应各种外形的工件，安全牢固可靠，手爪依靠摩擦力及夹紧力夹紧，保证在断电、断气时不发生调控现象。当夹紧面为毛坯面时，可浮动夹紧，可以适应工件的工艺偏差。

三、视觉方案的选择

视觉系统模块是整个分拣系统的核心部分，选择合理的视觉方案是机器人成功分拣的关键因素。摄像机标定和图像处理算法都属于视觉方案的一部分，因此根据摄像机相对机器人的安装位置，摄像机的个数及工业相机的选择可分为多种类型。

首先，确定机器人手眼关系。机器人的手眼关系分为两种：一种是摄像机安装在机器人本体上，这种方式摄像机随着机器人移动；另一种是将摄像机固定在工件平台上方的支架上，不随机器人而移动。本书只需获取到工件的全景信息，因此选用摄像机标定精度较低的 Eye-to-Hand 方式即可，但需要对机器人进行轨迹规划，避免碰撞。

其次，根据摄像机的数目确定选择单目视觉系统还是双目视觉系统。单目视觉系统一般用于 2D 平面视觉，主要用于传送带上的工业机器人分拣、机器人足球赛等，所依赖的图像处理算法较为简单。双目视觉系统多用于需要 3D 定位的地方，或者工件之间有遮挡、覆盖等复杂环境下的分拣。本书中尽管对杂乱工件进行分拣，但是不涉及遮挡问题，只需 2D 视觉进行定位即可，所以选择单目视觉系统。

最后，工业摄像机的选择。摄像机的核心硬件是图像感光芯片，根据制作材料分为 CCD 和 CMOS 两种。CMOS 具有良好的集成性、低功耗、高速传输等特点，CCD 有良好的通透性、色彩还原度和明锐度等优势。但由于其本身物理特性，CCD 材质的芯片要比 CMOS 材质的芯片效果好得多，因此本书选用了图像传感器为 CCD 的工业摄像机。

四、分拣的实现过程

针对以 GM1400 工业相机为核心的视觉分拣系统，整个分拣流程分为四个部分：图像预处理、模板匹配、质心提取、分拣抓取。

分拣具体流程如图 7-18 所示。

（1）图像预处理：对采集到的图像进行高斯平滑去除噪，消除噪声对图像的干扰。

（2）模板匹配：使用 Sobel 边缘算子进行轮廓提取，并对处理后的图像进行二值化处理，利用 hausdroff 距离对工件图像进行模板匹配。

（3）质心提取：利用模板匹配识别出目标工件后，通过图像的中心矩计算出工件的质心坐标。

（4）分拣抓取：工业计算机根据摄像机标定得到机器人的手眼关系，将工件的特征信息通过 CAN 总线传送至机器人控制器内，使机器人完成分拣。

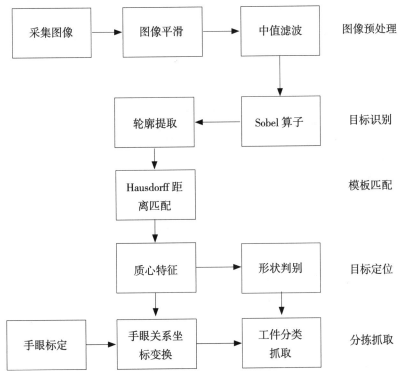

图 7-18　系统分拣流程图

参考文献

[1] Bai Ling,Lei YongLin,Huang Hao,Xiang Yao. Neuron-Inspired Self-Healing Composites via Dynamic Construction of Polypyrrole Decorated Carbon Nanotubes for Smart Physiochemical Sensing.[J]. ACS applied materials & interfaces,2020.

[2] Technology-Ceramics. Researchers from University of Malaysia Pahang Provide Details of New Studies and Findings in the Area of Ceramics （Smart "sticky Note" for Strain and Temperature Sensing Using Few-layer Graphene From Exfoliation In Red Spinach Solution）[J]. News of Science,2020.

[3] 陈智亮,蒋艳琦,吴洪尧,等.隧道机电设备状态感知终端的研究及其在大数据系统中的应用[J].数字技术与应用,2020,38（06）:165-166.

[4] 崔岩.泛在电力物联网推动智能电网建设：访华北电力大学电气与电子工程学院教授尹忠东[J].电气时代,2019（07）:17.

[5] Agriculture – Information Technology. Reports on Information Technology Findings from Heilongjiang Bayi Agricultural University Provide New Insights （Robust image processing algorithm for computational resource limited smart apple sunburn sensing system）[J]. Agriculture Week,2020.

[6] 邓力凡.智能加工技术[M].北京：北京理工大学出版社,2015.

[7] 丁恩杰,俞啸,廖玉波,等.基于物联网的矿山机械设备状态智能感知与诊断[J].煤炭学报,2020,45（06）:2308-2319.

[8] 杜瑜.智能化电力设备状态监测初探[J].电气化铁道,2018,29（S1）:32-35.

[9] 方北湘.电气自动化控制中人工智能的分析[J].通讯世界,2015（02）:79-80.

[10] 方舟,沈丽娜.物联网技术在输变电设备状态监测中的应用[J].智能城

市,2020,6（10）:57-58.

[11] ClinOne. ClinOne to Launch Breakthrough Continuous Patient COVID-19 Monitoring Solution Through Wearables Partnership with BioIntelliSense[J]. Medical Letter on the CDC & FDA, 2020.

[12] 谷龙龙,王权,陶伟,等.基于 ZigBee 技术的农业智能感知系统的设计与实现 [J].安徽农业科学, 2015, 43（13）:3 42-345.

[13] 黄堂森,李小武,曹庆皎.认知网络中无线电信号智能感知方法研究 [J].应用科学学报,2020,38（03）:410-418.

[14] 嵇立勇,忻国祥.建筑电气设计存在的问题及完善对策分析[J].绿色环保建材,2020（07）：74-75.

[15] 金明辉.基于状态评估的智能配电网态势感知方法研究[J].电网与清洁能源,2020,36（05）:69-74.

[16] 李磊.多传感器融合的智能车自主导航系统设计 [D].西南交通大学,2019.

[17] 李良福.智能视觉感知技术 [M].北京：科学出版社, 2018.

[18] 李琳,王逸兮,梁懿,吴小燕.电力物联网在线监测设备系统研究 [J].微型电脑应用,2019,35（12）:100-102.

[19] 李青夏.集装箱物流在途状态智能感知与异常识别研究 [D].武汉理工大学,2016.

[20] 李盛涛,丁卫东,马国明."智能传感关键技术及其应用"专题主编寄语[J].高电压技术,2020,46（06）:1853-1854.

[21] Networks - Sensor Networks. Study Findings from Temple University Broaden Understanding of Sensor Networks （Smart Sensing, Communication, and Control In Perishable Food Supply Chain）[J]. Food Weekly News,2020.

[22] 李新建.变电站过电压智能感知技术应用成效报告 [J].电力设备管理,2020（06）:49-51.

[23] 李屹,李曦.认知网络中的人工智能 [M].北京：北京邮电大学出版社 .2014.

[24] 李原,张子飞,李想.基于大规模感知技术的我国家庭智能设备展望[J].集成电路应用,2020,37（07）:16-19.

[25] 梁波,李丰生,张洋洋.基于新型智能感知设备的台区线损治理方案探讨[J].大众用电,2020,35（06）:13-14.

[26] 梁桥康,王耀南,孙炜.智能机器人力觉感知技术[M].长沙:湖南大学出版社,2018.

[27] 刘盖.浅析人工智能技术在电气自动化控制中的应用[J].科技风,2020(19):14.

[28] 刘永涛,孙瑞志,王见,等.基于中移物联的共享睡眠舱系统研究设计[J].现代电子技术,2020,43(11):33-36.

[29] 刘征.智能感知互动综合服务系统中数据提取方案设计[D].北京:华北电力大学,2012.

[30] 穆海宝,赵浩翔,张大宁,等.变压器油纸绝缘套管多参量智能感知技术研究[J].高电压技术,2020,46(06):1903-1912.

[31] 荣命哲,王小华,王建华.智能开关电器内涵的新发展探讨[J].高压电器,2010,46(05):1-3.

[32] 宋艳,王笑棠,卢武,等.基于物联网技术的智能终端设备感知技术现状分析[J].电器与能效管理技术,2018(21):53-59.

[33] 滕志伟.城轨列车智能感知网络评估方法研究[D].北京交通大学,2016.

[34] 王良帆.基于物联网的温室大棚数字化管理系统设计与应用[D].合肥:合肥工业大学,2017.

[35] 王悦.浅析智能化技术在电气工程自动化控制中的应用[J].绿色环保建材,2017(09):220.

[36] 无线智能感知研究所[J].成都工业学院学报,2020,23(02):117.

[37] 易继锴,侯媛彬.智能控制技术[M].北京:北京工业大学出版社.2007.

[38] 袁欣雨,孔明,张磊,等.配电网性能的智能感知管控系统设计与分析[J].单片机与嵌入式系统应用,2020,20(06):34-37.

[39] 岳威.人工智能技术在电气自动化中的应用[J].南方农机,2019,50(07):18.

[40] 张彬桥.面向自主设备云服务的水电站大规模仿真建模研究[D].武汉:华中科技大学,2017.

[41] Kongasseri Aswanidevi, Sompalli Naveen Kumar,Modak Varad A, et al. Solid-state ion recognition strategy using 2D hexagonal mesophase silica monolithic platform: a smart two-in-one approach for rapid and selective sensing of Cd^{2+} and Hg^{2+} ions.[J]. Mikrochimica acta, 2020, 187(7).

[42] 张海礁.人工智能在电气自动化中的应用[J].黑龙江科学,2020,11（14）:108-109.

[43] 张赛文挺.浅析智能化技术在电气工程自动化控制中的应用[J].科技风,2016（22）:12.

[44] Liqing Zhang,Qiaofeng Zheng,Xufeng Dong,et al. Tailoring sensing properties of smart cementitious composites based on excluded volume theory and electrostatic self-assembly[J]. Construction and Building Materials,2020,256.

[45] 张胜军,茂旭,刘明远.高压电气试验中易忽视问题探讨[J].农村电气化,2020（07）:72-73.

[46] 赵妙颖.配电变压器数据感知与智能维护决策研究[D].北京:华北电力大学,2019.

[47] 赵仕策,赵洪山,寿佩瑶.智能电力设备关键技术及运维探讨[J/OL].电力系统自动化:1-11[2020-07-22].

[48] 郑茂宽.智能产品服务生态系统理论与方法研究[D].上海:上海交通大学,2018.

[49] 周峰,周晖,刁赢龙.泛在电力物联网智能感知关键技术发展思路[J].中国电机工程学报,2020,40（01）:70-82+375.

[50] 邹伟,殷国栋,刘昊吉,等.基于多模态特征融合的自主驾驶车辆低辨识目标检测方法[J/OL].中国机械工程:1-13（2020-07-22）.